できたよ★シート

べんきょうが おわった ページの ばんごうに
「できたよシール」を はろう!

なまえ

1 2 3 4

9 8 7 6 5

そのちょうし!

10 11 12 13 14

もうすぐ
はんぶん!

さんすうパズル

19 18 17 16 15

20 21 22 23 24 25

31 30 29 28 27 26

32 33 34 3 37

JN046941

まと

40 39 38

やりきれるから自信がつく！

1日1枚の勉強で，学習習慣が定着！

◎目標時間に合わせ，無理のない量の問題数で構成されているので，
「1日1枚」やりきることができます。

◎解説が丁寧なので，まだ学校で習っていない内容でも勉強を進めることができます。

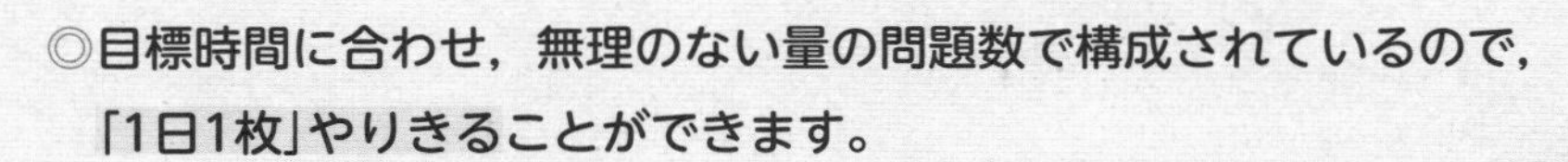

すべての学習の土台となる「基礎力」が身につく！

◎スモールステップで構成され，1冊の中でも繰り返し練習していくので，確実に「基礎力」を身につけることができます。「基礎」が身につくことで，発展的な内容に進むことができるのです。

◎教科書に沿っているので，授業の進度に合わせて使うこともできます。

勉強管理アプリの活用で，楽しく勉強できる！

◎設定した勉強時間にアラームが鳴るので，学習習慣がしっかりと身につきます。

◎時間や点数などを登録していくと，成績がグラフ化されたり，
賞状をもらえたりするので，　達成感を得られます。

◎勉強をがんばると，キャラクターとコミュニケーションを
取ることができるので，　日々のモチベーションが上がります。

学研 毎日のドリルの使い方

1 1日1枚，集中して解きましょう。

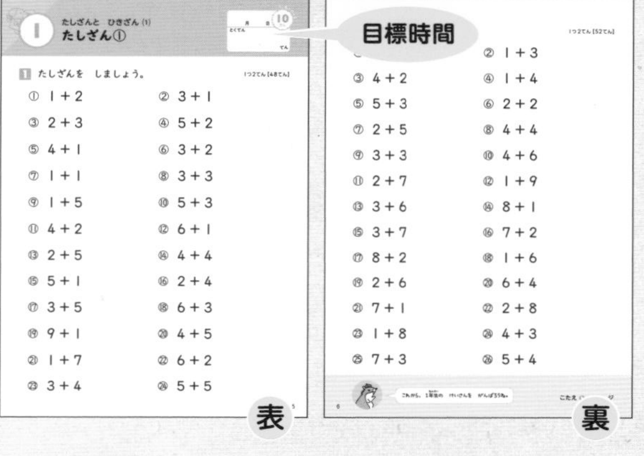

表

1 たしざんと ひきざん (1) たしざん①

1 たしざんを しましょう。 1つ2てん【48てん】

① 1＋2	② 3＋1
③ 2＋3	④ 5＋2
⑤ 4＋1	⑥ 3＋2
⑦ 1＋1	⑧ 3＋3
⑨ 1＋5	⑩ 5＋3
⑪ 4＋2	⑫ 6＋1
⑬ 2＋5	⑭ 4＋4
⑮ 5＋1	⑯ 2＋4
⑰ 3＋5	⑱ 6＋3
⑲ 9＋1	⑳ 4＋5
㉑ 1＋7	㉒ 6＋2
㉓ 3＋4	㉔ 5＋5

裏

1つ2てん【52てん】

	② 1＋3
③ 4＋2	④ 1＋4
⑤ 5＋3	⑥ 2＋2
⑦ 2＋5	⑧ 4＋4
⑨ 3＋3	⑩ 4＋6
⑪ 2＋7	⑫ 1＋9
⑬ 3＋6	⑭ 8＋1
⑮ 3＋7	⑯ 7＋2
⑰ 8＋2	⑱ 1＋6
⑲ 2＋6	⑳ 6＋4
㉑ 7＋1	㉒ 2＋8
㉓ 1＋8	㉔ 4＋3
㉕ 7＋3	㉖ 5＋4

◎1回分は，1枚（表と裏）です。

1枚ずつはがして使うこともできます。

◎目標時間を意識して解きましょう。

アプリのストップウォッチなどで，かかった時間を計るとよいでしょう。

- 「チャレンジ」の回は，学習指導要領で学ぶ内容を応用した問題です。
- 巻末の「まとめテスト」で，この本の内容が身についたかを確認できます。

2 おうちの方に，答え合わせをしてもらいましょう。

こたえとアドバイス

おうちの方へ
▶まちがえた問題は，何度も練習させましょう。
▶アドバイスも参考に，お子さまに指導してあげてください。

1 たしざん① 5-6ページ

1 ①3 ②4 ③5 ④7 ⑤5 ⑥5 ⑦2 ⑧6 ⑨6 ⑩8 ⑪6 ⑫7 ⑬7 ⑭8 ⑮6 ⑯6 ⑰8 ⑱9 ⑲10 ⑳9 ㉑8 ㉒8 ㉓7 ㉔10

2 ①3 ②4 ③6 ④5 ⑤8 ⑥4 ⑦7 ⑧8 ⑨6 ⑩10 ⑪9 ⑫10 ⑬9 ⑭9 ⑮10 ⑯9 ⑰10 ⑱7 ⑲8 ⑳10 ㉑8 ㉒10 ㉓9 ㉔7 ㉕10 ㉖9

アドバイス　答えが10以内のたし算と，このあとのひかれる数が10以内のひき算は，初めの段階では，ブロックなどで数をイメージして計算させましょう。難しいようであれば，おはじきなどを与えて考えさせ，数のイメージが持てるようにするとよいです。そして，最終的には，式で使われている2つの数を見たら，反射的に答えが出るようになることを目標に取り組ませましょう。

答えは必ず，「＝」をつけて書くように指導してください。面倒がって書かなかったり，最初に「＝」だけ全部書いたりするお子さまがいます。その都度しっかり書くようにさせましょう。

2 たしざん② 7-8ページ

1 ①5 ②7 ③8 ④3 ⑤9 ⑥5 ⑦6 ⑧10 ⑨4 ⑩8 ⑪2 ⑫7 ⑬5 ⑭9 ⑮10 ⑯4 ⑰9 ⑱6 ⑲10 ⑳9 ㉑10 ㉒5 ㉓7 ㉔9

2 ①7 ②8 ③3 ④9 ⑤6 ⑥9 ⑦7 ⑧6 ⑨9 ⑩10 ⑪8 ⑫4 ⑬8 ⑭6 ⑮8 ⑯10 ⑰9 ⑱8 ⑲7 ⑳10 ㉑9 ㉒7 ㉓10 ㉔6 ㉕9 ㉖10

3 ひきざん① 9-10ページ

1 ①2 ②1 ③3 ④1 ⑤3 ⑥2 ⑦4 ⑧5 ⑨7 ⑩2 ⑪1 ⑫3 ⑬6 ⑭1 ⑮4 ⑯5 ⑰2 ⑱2 ⑲2 ⑳5 ㉑5 ㉒8 ㉓4 ㉔1

2 ①3 ②1 ③5 ④2 ⑤3 ⑥5 ⑦3 ⑧1 ⑨4 ⑩5 ⑪9 ⑫4 ⑬7 ⑭7 ⑮3 ⑯3 ⑰1 ⑱4 ⑲6 ⑳2 ㉑6 ㉒1 ㉓3 ㉔2 ㉕6 ㉖8

85

- 本の最後に，「こたえとアドバイス」があります。
- 答え合わせをして，点数をつけてもらいましょう。

できなかった問題を
解き直すと，
より力がつくよ！

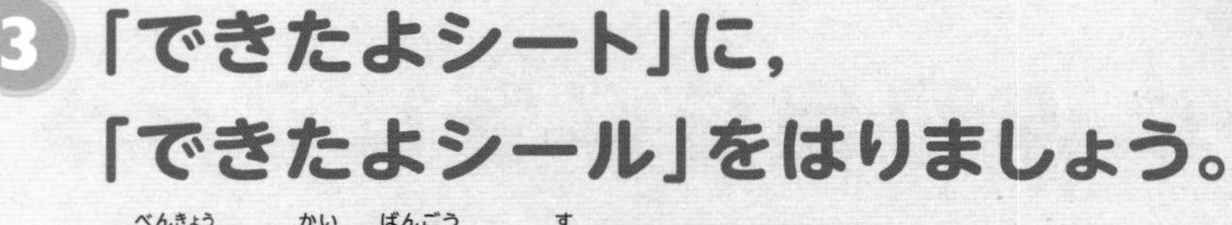

3 「できたよシート」に，「できたよシール」をはりましょう。

- 勉強した回の番号に，好きなシールをはりましょう。

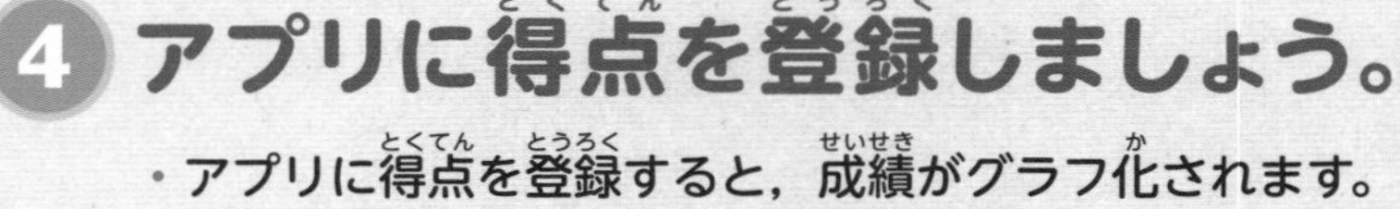

4 アプリに得点を登録しましょう。

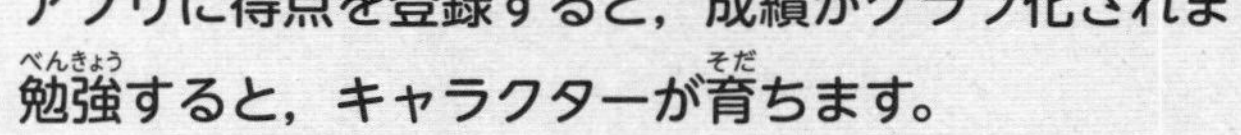

- アプリに得点を登録すると，成績がグラフ化されます。
- 勉強すると，キャラクターが育ちます。

無料ダウンロード
毎日のドリル
勉強管理アプリ
アプリといっしょだと，ドリルが楽しく進む!?
コンコン
ぼくのへや
今日の分の毎ドリ終わった？
今やってるところー
うそはいけないっきゅ！
わっ!?
だれ!?どこから来たの!?
キミの毎ドリが進むようにすばらしいものを持ってきたっきゅ
なになに？
とりあえずやってみるっきゅ
ストップウォッチスタート!!
おっ！
時間をはかってくれるんだ！
0分21秒
よーしっ!!
できたーーっ!!
いつもよりどんどん解けた気がする！
時間を意識してるから集中できるんだっきゅ！
さらに！
得点をアプリに入力するとグラフになるんだ！
すっげー!!
この「1」ってなんだろ？
タッチしてみるっきゅ
ドリーポン
一回終わるごとにぼくがエサを食べられるんだっきゅ
ドリルを進めるとかっこいいわざをおぼえたりすてきな部屋が手に入ったりするよ
よーしっ
あしたもがんばるぞ！
二か月後
よっしゃー！
ドリルが終わったぞ！
一冊やりきったら賞状とメダルがもらえたよ！
賞状 ぼくどの
あなたは、3年「かけ算」をしゅうりょうしましたので、ここにこれをしょうします。たいへん、すばらしいです！
次はどのドリルに挑戦しようかな！

毎日のドリル 勉強管理アプリ

「毎日のドリル」シリーズ専用，スマートフォン・タブレットで使える無料アプリです。1つのアプリでシリーズすべてを管理でき，学習習慣が楽しく身につきます。

1 「毎日のドリル」の学習を徹底サポート！

毎日の勉強タイムをお知らせする「タイマー」

かかった時間を計る「ストップウォッチ」

勉強した日を記録する「カレンダー」

入力した得点を「グラフ化」

2 キャラクターと楽しく学べる！

好きなキャラクターを選ぶことができます。勉強をがんばるとキャラクターが育ち，「ひみつ」や「ワザ」が増えます。

3 1冊終わると，ごほうびがもらえる！

ドリルが1冊終わるごとに，賞状やメダル，称号がもらえます。

4 漢字と英単語のゲームにチャレンジ！

ゲームで，どこでも手軽に，楽しく勉強できます。漢字は学年別，英単語はレベル別に構成されており，ドリルで勉強した内容の確認にもなります。

アプリの無料ダウンロードはこちらから！

https://gakken-ep.jp/extra/maidori/

【推奨環境】

■ 各種Android端末：対応OS Android6.0以上　※対応OSであっても，Intel CPU（x86 Atom）搭載の端末では正しく動作しない場合があります。

■ 各種iOS（iPadOS）端末：対応OS iOS10以上　※対応OS や対応機種については，各ストアでご確認ください。

※お客様のネット環境および携帯端末によりアプリをご利用できない場合，当社は責任を負いかねます。

また，事前の予告なく，サービスの提供を中止する場合があります。ご理解，ご了承いただきますよう，お願いいたします。

1 たしざん①

月　日

とくてん

てん

10ぷん

1 たしざんを　しましょう。

1つ2てん【48てん】

① 1 + 2

② 3 + 1

③ 2 + 3

④ 5 + 2

⑤ 4 + 1

⑥ 3 + 2

⑦ 1 + 1

⑧ 3 + 3

⑨ 1 + 5

⑩ 5 + 3

⑪ 4 + 2

⑫ 6 + 1

⑬ 2 + 5

⑭ 4 + 4

⑮ 5 + 1

⑯ 2 + 4

⑰ 3 + 5

⑱ 6 + 3

⑲ 9 + 1

⑳ 4 + 5

㉑ 1 + 7

㉒ 6 + 2

㉓ 3 + 4

㉔ 5 + 5

2 たしざんを　しましょう。

1つ2てん【52てん】

① $2 + 1$

② $1 + 3$

③ $4 + 2$

④ $1 + 4$

⑤ $5 + 3$

⑥ $2 + 2$

⑦ $2 + 5$

⑧ $4 + 4$

⑨ $3 + 3$

⑩ $4 + 6$

⑪ $2 + 7$

⑫ $1 + 9$

⑬ $3 + 6$

⑭ $8 + 1$

⑮ $3 + 7$

⑯ $7 + 2$

⑰ $8 + 2$

⑱ $1 + 6$

⑲ $2 + 6$

⑳ $6 + 4$

㉑ $7 + 1$

㉒ $2 + 8$

㉓ $1 + 8$

㉔ $4 + 3$

㉕ $7 + 3$

㉖ $5 + 4$

これから，1年生(ねんせい)の　けいさんを　がんばろうね。

こたえ ▶ 85ページ

2

たしざんと　ひきざん (1)

たしざん②

月　日　とくてん　てん　10ぷん　ひょう

1 たしざんを　しましょう。　1つ2てん【48てん】

① 2 + 3　② 5 + 2

③ 3 + 5　④ 1 + 2

⑤ 3 + 6　⑥ 4 + 1

⑦ 2 + 4　⑧ 6 + 4

⑨ 3 + 1　⑩ 1 + 7

⑪ 1 + 1　⑫ 4 + 3

⑬ 1 + 4　⑭ 4 + 5

⑮ 2 + 8　⑯ 2 + 2

⑰ 6 + 3　⑱ 1 + 5

⑲ 5 + 5　⑳ 8 + 1

㉑ 3 + 7　㉒ 3 + 2

㉓ 6 + 1　㉔ 2 + 7

2 たしざんを　しましょう。

1つ2てん【52てん】

① 3 + 4

② 6 + 2

③ 2 + 1

④ 5 + 4

⑤ 4 + 2

⑥ 1 + 8

⑦ 2 + 5

⑧ 5 + 1

⑨ 7 + 2

⑩ 1 + 9

⑪ 5 + 3

⑫ 1 + 3

⑬ 2 + 6

⑭ 3 + 3

⑮ 7 + 1

⑯ 9 + 1

⑰ 3 + 6

⑱ 4 + 4

⑲ 1 + 6

⑳ 7 + 3

㉑ 6 + 3

㉒ 4 + 3

㉓ 8 + 2

㉔ 2 + 4

㉕ 2 + 7

㉖ 4 + 6

アプリ(あぷり)に　とくてんを　とうろくしよう！

こたえ ▶ 85ページ

たしざんと　ひきざん (1)

3 ひきざん①

月　　日　10ぷん

とくてん　　てん

1 ひきざんを　しましょう。　1つ2てん【48てん】

① 3 − 1　　② 4 − 3

③ 5 − 2　　④ 2 − 1

⑤ 6 − 3　　⑥ 4 − 2

⑦ 5 − 1　　⑧ 7 − 2

⑨ 8 − 1　　⑩ 5 − 3

⑪ 6 − 5　　⑫ 8 − 5

⑬ 7 − 1　　⑭ 5 − 4

⑮ 9 − 5　　⑯ 6 − 1

⑰ 6 − 4　　⑱ 7 − 5

⑲ 10 − 8　　⑳ 8 − 3

㉑ 10 − 5　　㉒ 9 − 1

㉓ 8 − 4　　㉔ 10 − 9

2 ひきざんを　しましょう。

1つ2てん【52てん】

① 4－1　② 3－2

③ 6－1　④ 4－2

⑤ 5－2　⑥ 7－2

⑦ 6－3　⑧ 9－8

⑨ 7－3　⑩ 9－4

⑪ 10－1　⑫ 6－2

⑬ 9－2　⑭ 10－3

⑮ 7－4　⑯ 9－6

⑰ 8－7　⑱ 10－6

⑲ 8－2　⑳ 9－7

㉑ 10－4　㉒ 7－6

㉓ 10－7　㉔ 8－6

㉕ 9－3　㉖ 10－2

はい，よく　できました。すごい！

こたえ ▶ 85ページ

ひきざん②

月　日　10ぷん

とくてん　てん

1 ひきざんを　しましょう。　1つ2てん【48てん】

① 5－2　② 7－1

③ 4－3　④ 3－1

⑤ 7－5　⑥ 6－4

⑦ 8－7　⑧ 6－3

⑨ 5－1　⑩ 10－9

⑪ 8－4　⑫ 3－2

⑬ 9－7　⑭ 10－8

⑮ 8－1　⑯ 7－3

⑰ 9－8　⑱ 10－4

⑲ 8－5　⑳ 9－4

㉑ 10－1　㉒ 7－2

㉓ 9－3　㉔ 6－5

2 ひきざんを　しましょう。

1つ2てん【52てん】

① $6-2$　② $5-4$

③ $10-5$　④ $9-1$

⑤ $7-4$　⑥ $2-1$

⑦ $6-3$　⑧ $10-6$

⑨ $5-3$　⑩ $8-7$

⑪ $9-6$　⑫ $8-2$

⑬ $4-1$　⑭ $7-1$

⑮ $10-3$　⑯ $9-2$

⑰ $6-4$　⑱ $6-1$

⑲ $9-4$　⑳ $10-7$

㉑ $8-3$　㉒ $4-2$

㉓ $9-5$　㉔ $8-6$

㉕ $7-6$　㉖ $10-2$

ひきざんも　よく　できたね。さすが！

こたえ ▶ 86ページ

5 0の　たしざんと ひきざん①

月　日

とくてん

てん

10ぷん

1 たしざんを　しましょう。

1つ2てん【24てん】

① 0＋2　② 0＋4

③ 0＋7　④ 0＋5

⑤ 0＋6　⑥ 0＋9

⑦ 3＋0　⑧ 1＋0

⑨ 4＋0　⑩ 6＋0

⑪ 8＋0　⑫ 0＋0

2 ひきざんを　しましょう。

1つ2てん【24てん】

① 3－0　② 1－0

③ 4－0　④ 7－0

⑤ 5－0　⑥ 8－0

⑦ 2－2　⑧ 5－5

⑨ 7－7　⑩ 6－6

⑪ 9－9　⑫ 0－0

3 けいさんを　しましょう。

1つ2てん【52てん】

① $0+1$　② $4+0$

③ $0+3$　④ $2+0$

⑤ $0+0$　⑥ $0+8$

⑦ $7+0$　⑧ $0+6$

⑨ $0+2$　⑩ $9+0$

⑪ $8+0$　⑫ $0+10$

⑬ $3-3$　⑭ $6-0$

⑮ $2-0$　⑯ $1-1$

⑰ $5-5$　⑱ $1-0$

⑲ $0-0$　⑳ $4-4$

㉑ $9-0$　㉒ $8-8$

㉓ $8-0$　㉔ $6-6$

㉕ $4-0$　㉖ $10-0$

よく　かんがえて　できたね。すばらしい！

こたえ ▶ 86ページ

6 0の　たしざんと　ひきざん②

月　　日　10ぷん

とくてん　　　　てん

1 けいさんを　しましょう。

1つ2てん【48てん】

① $0+3$

② $6+0$

③ $0+1$

④ $7+0$

⑤ $2-2$

⑥ $6-0$

⑦ $3-0$

⑧ $9-9$

⑨ $2+0$

⑩ $0+8$

⑪ $0+0$

⑫ $1+0$

⑬ $2-0$

⑭ $7-7$

⑮ $5-5$

⑯ $0-0$

⑰ $0+5$

⑱ $9+0$

⑲ $3+0$

⑳ $0+4$

㉑ $1-1$

㉒ $1-0$

㉓ $9-0$

㉔ $8-8$

2 けいさんを　しましょう。

1つ2てん【52てん】

① $0+6$　② $3-3$

③ $7-0$　④ $5+0$

⑤ $0+7$　⑥ $4-4$

⑦ $1-1$　⑧ $1+1$

⑨ $4-0$　⑩ $6-6$

⑪ $3+3$　⑫ $4+0$

⑬ $9-2$　⑭ $5-5$

⑮ $0+0$　⑯ $0+1$

⑰ $8+0$　⑱ $10-3$

⑲ $0+2$　⑳ $7+2$

㉑ $1-0$　㉒ $7-1$

㉓ $5+5$　㉔ $0-0$

㉕ $9-8$　㉖ $0+9$

0が　ある　けいさんも　だいじょうぶだね！

こたえ ▶ 86ページ

7 たしざんと　ひきざん①

月　　日　10ぷん

とくてん　　　てん

1 けいさんを　しましょう。　1つ2てん【48てん】

① 4 + 2　　② 2 + 3

③ 7 + 1　　④ 5 + 4

⑤ 3 + 3　　⑥ 1 + 6

⑦ 8 + 2　　⑧ 3 + 4

⑨ 5 + 3　　⑩ 4 + 6

⑪ 5 + 5　　⑫ 6 + 3

⑬ 6 − 3　　⑭ 5 − 2

⑮ 7 − 2　　⑯ 9 − 8

⑰ 8 − 4　　⑱ 7 − 1

⑲ 10 − 5　　⑳ 9 − 4

㉑ 8 − 6　　㉒ 10 − 3

㉓ 9 − 7　　㉔ 7 − 4

2 けいさんを　しましょう。

1つ2てん【52てん】

① $2+2$　② $5+1$

③ $3+5$　④ $3+2$

⑤ $4-2$　⑥ $7-3$

⑦ $7-6$　⑧ $8-5$

⑨ $5+2$　⑩ $3+6$

⑪ $9+1$　⑫ $2+7$

⑬ $7-5$　⑭ $10-6$

⑮ $8-3$　⑯ $9-3$

⑰ $6+2$　⑱ $3+7$

⑲ $2+4$　⑳ $4+3$

㉑ $5-3$　㉒ $9-6$

㉓ $9-2$　㉔ $6-4$

㉕ $10-2$　㉖ $7+3$

この　ちょうしで　がんばろう。

こたえ ▶ 86ページ

たしざんと　ひきざん②

月　日　とくてん　てん　10ぷん

1 けいさんを　しましょう。　1つ2てん【48てん】

① 3＋3　② 1＋3

③ 7－1　④ 5－1

⑤ 0＋3　⑥ 5＋2

⑦ 6－3　⑧ 7－0

⑨ 3＋5　⑩ 1＋1

⑪ 5－3　⑫ 10－5

⑬ 4＋1　⑭ 1＋0

⑮ 8－3　⑯ 5－5

⑰ 1＋8　⑱ 9＋1

⑲ 0－0　⑳ 7－6

㉑ 6＋2　㉒ 0＋7

㉓ 10－8　㉔ 9－2

2 けいさんを　しましょう。

1つ2てん【52てん】

① $7+1$　② $1-1$

③ $4-2$　④ $2+4$

⑤ $0+2$　⑥ $5-2$

⑦ $9-1$　⑧ $2+3$

⑨ $1+6$　⑩ $7-7$

⑪ $4+3$　⑫ $7-5$

⑬ $9-8$　⑭ $5+0$

⑮ $5+3$　⑯ $8-4$

⑰ $8-0$　⑱ $4+6$

⑲ $10-3$　⑳ $9+0$

㉑ $9-4$　㉒ $5+4$

㉓ $3+6$　㉔ $10-4$

㉕ $8+2$　㉖ $9-6$

たしざんと　ひきざんが　まじって　いても　へっちゃらだね。

こたえ ▶ 87ページ

9 たしざんと　ひきざん (1)
たしざんと　ひきざん③

月　　日　10ぷん
とくてん
てん

1 けいさんを　しましょう。　1つ2てん【48てん】

① 3 + 2　② 2 + 5

③ 4 − 1　④ 5 − 4

⑤ 8 + 1　⑥ 5 + 5

⑦ 8 − 5　⑧ 7 − 3

⑨ 4 + 0　⑩ 0 + 7

⑪ 10 − 9　⑫ 9 − 7

⑬ 1 + 7　⑭ 6 + 3

⑮ 8 − 8　⑯ 6 − 0

⑰ 4 + 3　⑱ 2 + 8

⑲ 10 − 6　⑳ 9 − 3

㉑ 4 + 5　㉒ 0 + 1

㉓ 8 − 2　㉔ 3 − 3

2 けいさんを　しましょう。

1つ2てん【52てん】

① $8-1$　② $4+2$

③ $7+3$　④ $6-6$

⑤ $8-7$　⑥ $7+2$

⑦ $6-4$　⑧ $3+4$

⑨ $0+9$　⑩ $9-5$

⑪ $2-2$　⑫ $4+4$

⑬ $1+9$　⑭ $7-4$

⑮ $0+0$　⑯ $6-2$

⑰ $9-4$　⑱ $2+6$

⑲ $3+7$　⑳ $10-2$

㉑ $8-6$　㉒ $3+0$

㉓ $10-7$　㉔ $2+7$

㉕ $6+4$　㉖ $9-0$

たくさん　がんばったね。すごいよ！

こたえ ▶ 87ページ

たしざんと ひきざん④

月 日

とくてん てん

10ぷん

1 したの かずを 1かいずつ つかって，こたえが 9に なる たしざんを 4つ つくりましょう。 1つ4てん【16てん】

8　4　3　9　1　6

㋐ 5 ＋ □ ＝9

㋑ □ ＋ 0 ＝9

㋒ □ ＋ □ ＝9

㋓ □ ＋ □ ＝9

2 ただしい しきに なるように，□に あてはまる かずを □から えらんで かきましょう。 1つ 4てん【12てん】

① □ － 6 ＝4 ← 10　7　8　9

② □ － □ ＝6 ← 8　9　1　2

③ □ － □ ＝9 ← 10　0　2　9

3 □に　あてはまる　かずを　かきましょう。　1つ 4てん【72てん】

① $4 + \square = 5$　② $6 + \square = 8$

③ $7 + \square = 10$　④ $3 + \square = 7$

⑤ $\square + 2 = 4$　⑥ $\square + 5 = 8$

⑦ $\square + 6 = 10$　⑧ $\square + 1 = 1$

⑨ $5 - \square = 2$　⑩ $7 - \square = 1$

⑪ $8 - \square = 5$　⑫ $6 - \square = 2$

⑬ $\square - 1 = 4$　⑭ $\square - 5 = 4$

⑮ $\square - 2 = 6$　⑯ $\square - 7 = 3$

⑰ $\square - 0 = 5$　⑱ $\square - 9 = 0$

よく　かんがえて　できたね。すばらしい！

こたえ ▶ 87ページ

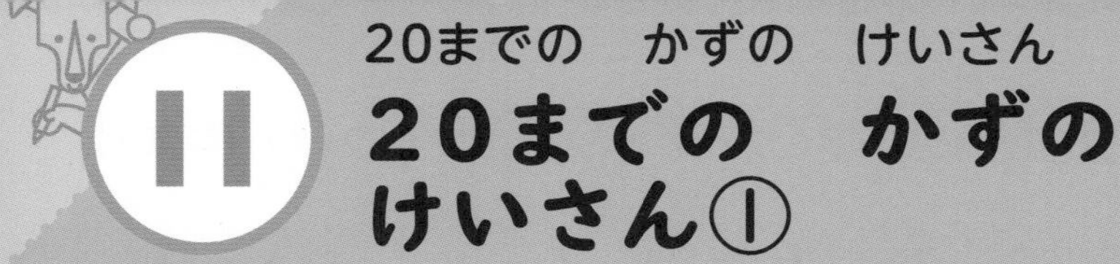

20までの　かずの　けいさん

20までの　かずの　けいさん①

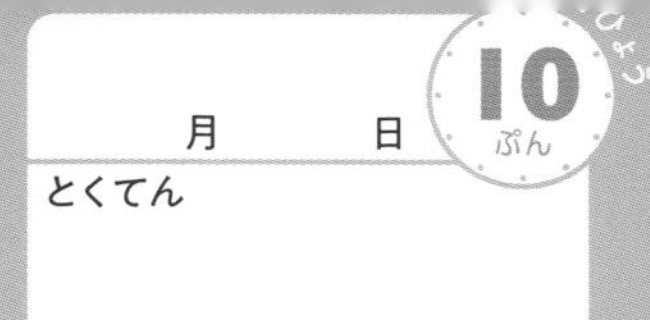

1 たしざんを　しましょう。　1つ2てん【28てん】

① 10＋1	② 10＋3
③ 10＋5	④ 10＋7
⑤ 10＋2	⑥ 10＋10
⑦ 10＋8	⑧ 10＋4
⑨ 10＋6	⑩ 10＋9
⑪ 3＋10	⑫ 8＋10
⑬ 1＋10	⑭ 5＋10

2 ひきざんを　しましょう。　1つ2てん【20てん】

① 12－2	② 14－4
③ 16－6	④ 17－7
⑤ 11－1	⑥ 18－8
⑦ 12－2	⑧ 13－3
⑨ 15－5	⑩ 19－9

3 けいさんを　しましょう。

1つ2てん【52てん】

① $10+2$　② $10+4$

③ $15-5$　④ $14-4$

⑤ $10+6$　⑥ $10+1$

⑦ $16-6$　⑧ $11-1$

⑨ $10+5$　⑩ $10+9$

⑪ $12-2$　⑫ $14-4$

⑬ $10+3$　⑭ $6+10$

⑮ $16-6$　⑯ $19-9$

⑰ $10+8$　⑱ $10+7$

⑲ $17-7$　⑳ $13-3$

㉑ $10+10$　㉒ $4+10$

㉓ $18-8$　㉔ $19-9$

㉕ $7+10$　㉖ $9+10$

「10と　いくつ」を　かんがえて　できたね。

こたえ ▶ 87ページ

12 20までの　かずの　けいさん②

月　　日　10ぷん
とくてん　　　てん

1 たしざんを　しましょう。

1つ2てん【24てん】

① 15＋3　　② 12＋1

③ 11＋5　　④ 13＋2

⑤ 15＋2　　⑥ 16＋1

⑦ 14＋4　　⑧ 13＋5

⑨ 11＋1　　⑩ 12＋4

⑪ 17＋2　　⑫ 14＋5

2 ひきざんを　しましょう。

1つ2てん【24てん】

① 17－5　　② 14－2

③ 12－1　　④ 16－4

⑤ 17－1　　⑥ 15－2

⑦ 18－3　　⑧ 19－5

⑨ 13－2　　⑩ 18－4

⑪ 17－4　　⑫ 19－6

3 けいさんを　しましょう。

1つ2てん【52てん】

① $12+2$　② $11+8$

③ $15-3$　④ $18-1$

⑤ $15+4$　⑥ $14+2$

⑦ $16-5$　⑧ $17-2$

⑨ $13+3$　⑩ $16+3$

⑪ $18-6$　⑫ $17-3$

⑬ $12+5$　⑭ $14+3$

⑮ $19-4$　⑯ $16-3$

⑰ $16+2$　⑱ $17+1$

⑲ $18-5$　⑳ $16-2$

㉑ $18+1$　㉒ $12+7$

㉓ $19-3$　㉔ $18-2$

㉕ $13+4$　㉖ $13+6$

たくさん　けいさんできたね。すごいよ！

こたえ ▶ 88ページ

13 20までの かずの けいさん③

月　日

とくてん

てん

10ぷん

1 けいさんを しましょう。　1つ2てん【48てん】

① 10 + 4　② 11 + 5

③ 14 + 5　④ 12 + 3

⑤ 11 + 8　⑥ 10 + 9

⑦ 16 + 2　⑧ 13 + 4

⑨ 10 + 1　⑩ 12 + 7

⑪ 16 + 3　⑫ 7 + 10

⑬ 14 − 3　⑭ 12 − 2

⑮ 16 − 1　⑯ 18 − 5

⑰ 19 − 4　⑱ 12 − 1

⑲ 16 − 2　⑳ 19 − 3

㉑ 18 − 8　㉒ 19 − 7

㉓ 17 − 3　㉔ 16 − 6

2 けいさんを　しましょう。

1つ2てん【52てん】

① 13－2

② 15＋3

③ 10＋2

④ 19－1

⑤ 15－3

⑥ 12＋5

⑦ 13＋3

⑧ 11－1

⑨ 18－3

⑩ 10＋8

⑪ 11＋6

⑫ 16－4

⑬ 17－7

⑭ 12＋6

⑮ 6＋10

⑯ 17－4

⑰ 19－6

⑱ 14＋4

⑲ 17＋2

⑳ 18－2

㉑ 18＋1

㉒ 19－9

㉓ 18－4

㉔ 13＋6

㉕ 19－2

㉖ 10＋10

いろいろな　けいさんが　できたね。えらい！

こたえ ▶ 88ページ

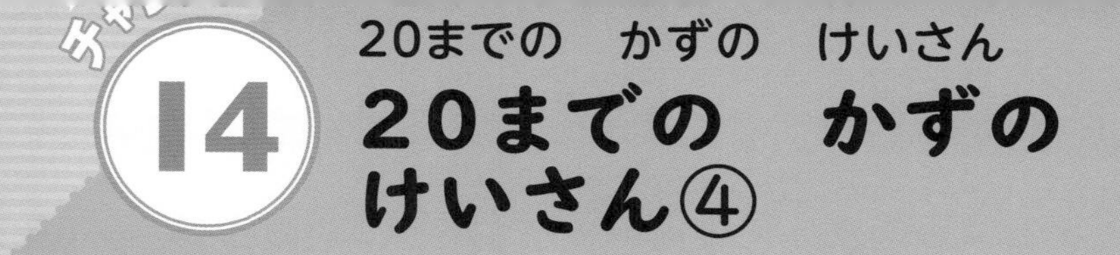

14 20までの　かずの　けいさん④

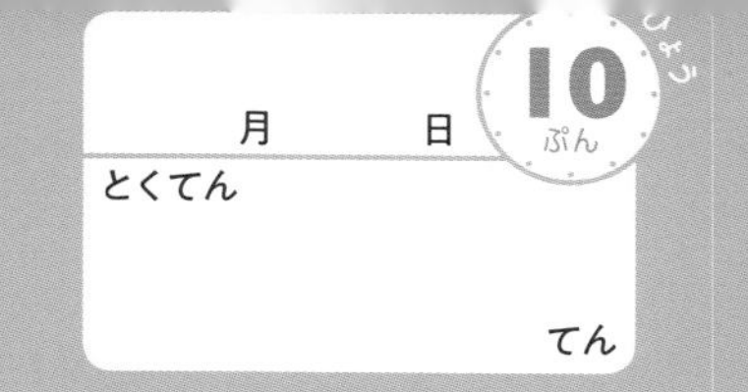

1 ひきざんを　しましょう。　①～③1つ2てん，④，⑤1つ3てん【12てん】

① 13－10＝□

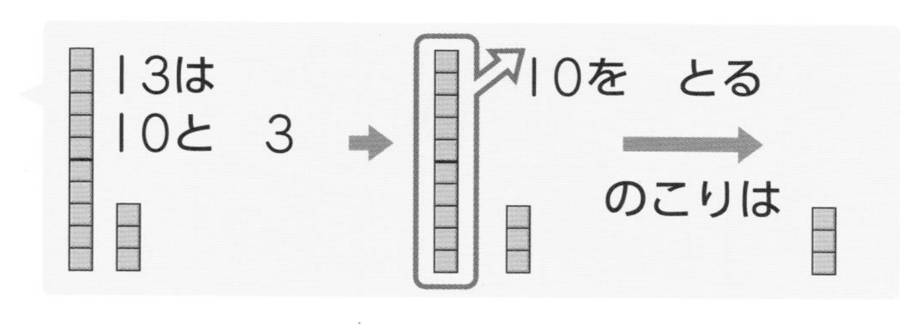

② 15－10＝□　③ 11－10＝□

④ 19－10＝□　⑤ 17－10＝□

2 ただしい　しきに　なるように，□に　あてはまる　かずを　[　]から　えらんで　かきましょう。　1つ4てん【16てん】

① □＋2＝12 ← [12　10　11　13]

② 11＋□＝15 ← [2　3　5　4]

③ 14－□＝10 ← [11　5　10　4]

④ □－2＝14 ← [10　18　16　19]

3 ひきざんを　しましょう。

1つ4てん【24てん】

① $12-10$　② $16-10$

③ $17-10$　④ $18-10$

⑤ $14-10$　⑥ $19-10$

4 □に　あてはまる　かずを　かきましょう。

1つ4てん【48てん】

① $10+\square=15$　② $\square+9=19$

③ $12+\square=16$　④ $\square+5=18$

⑤ $16+\square=19$　⑥ $\square+2=19$

⑦ $13-\square=10$　⑧ $\square-6=10$

⑨ $15-\square=12$　⑩ $\square-3=15$

⑪ $17-\square=13$　⑫ $\square-6=13$

よく　かんがえて　できたね。すばらしい！

こたえ ▶ 88ページ

15 3つの　かずの　けいさん①

月　日　15ふん

とくてん　てん

1 けいさんを　しましょう。　1つ2てん【40てん】

① $2+4+1$　② $4+3+2$

③ $1+5+4$　④ $5+5+6$

⑤ $9+1+2$　⑥ $3+7+5$

⑦ $6-2-2$　⑧ $7-1-4$

⑨ $8-3-2$　⑩ $9-5-3$

⑪ $10-5-3$　⑫ $10-2-5$

⑬ $7-5+6$　⑭ $8-4+2$

⑮ $10-9+6$　⑯ $10-6+5$

⑰ $5+3-6$　⑱ $2+5-3$

⑲ $8+2-5$　⑳ $1+9-3$

2 けいさんを　しましょう。

①～⑥1つ2てん，⑦～㉒1つ3てん【60てん】

① $3+2+4$

② $7-4-2$

③ $9-4+3$

④ $6+3-7$

⑤ $10-4-4$

⑥ $10-9+7$

⑦ $3+5-7$

⑧ $1+4+2$

⑨ $5+5-4$

⑩ $8-2-4$

⑪ $9-3+2$

⑫ $2+8+7$

⑬ $10-3-2$

⑭ $4+6-2$

⑮ $3+4+3$

⑯ $7-5+4$

⑰ $3+7+10$

⑱ $9-2+3$

⑲ $10-5-2$

⑳ $6+4+1$

㉑ $8+2-7$

㉒ $10-1-8$

たくさん　がんばったね。すごい！

こたえ ▷ 89ページ

16 3つの　かずの　けいさん②

月　　日

とくてん

てん

15ふん

1 けいさんを　しましょう。

①～⑭1つ2てん，⑮～⑱1つ3てん【40てん】

① 10＋1＋3　　② 10＋4＋2

③ 13＋2＋3　　④ 12＋5＋2

⑤ 14－4－8　　⑥ 17－7－4

⑦ 18－1－3　　⑧ 17－4－3

⑨ 11－1＋4　　⑩ 19－9＋6

⑪ 13－2＋5　　⑫ 18－6＋7

⑬ 10＋5－2　　⑭ 10＋9－5

⑮ 10＋7－6　　⑯ 16＋1－5

⑰ 11＋8－2　　⑱ 13＋4－7

2 けいさんを　しましょう。

1つ3てん【60てん】

① $10+6+1$　② $16-6-5$

③ $13-3+2$　④ $10+4-3$

⑤ $12+6-2$　⑥ $18-8-2$

⑦ $15-2+4$　⑧ $12-2+4$

⑨ $19-9-6$　⑩ $10+3+4$

⑪ $15+1-6$　⑫ $14+3+2$

⑬ $10+8-2$　⑭ $18-6+5$

⑮ $17-5-1$　⑯ $10+1+6$

⑰ $10+9-7$　⑱ $19-8+7$

⑲ $12+3+3$　⑳ $17-2-5$

たすのか　ひくのかに　ちゅういして　できたね。

こたえ ▶ 89ページ

チャレンジ

17 3つの　かずの　けいさん③

3つの　かずの　けいさん

月　　日　15ふん

とくてん　　　てん

1 □に　あてはまる　かずを　かきましょう。　1つ3てん【18てん】

① 4＋1＋□＝8
（4＋1 → 5　5＋□＝8）

② 10＋1＋□＝15

③ 9－3－□＝2

④ 13－3－□＝5

⑤ 8－5＋□＝6

⑥ 10＋5－□＝13

2 □に　＋か　－の　しるしを　いれて，ただしい　しきを　つくりましょう。　1つ3てん【24てん】

① 3＋5□1＝9
（3＋5 → 8　8□1＝9）

② 6＋2□4＝4

③ 8－3□2＝3

④ 10－8□5＝7

⑤ 8＋2□7＝17

⑥ 10＋6□3＝13

⑦ 14－4□8＝18

⑧ 13－3□6＝4

3 □に　あてはまる　かずを　かきましょう。

1つ4てん【32てん】

① $9-5-\square=2$　② $3+4+\square=9$

③ $8-6+\square=9$　④ $6+2-\square=5$

⑤ $10+1+\square=17$　⑥ $19-2-\square=13$

⑦ $13+6-\square=15$　⑧ $17-6+\square=16$

4 □に　＋か　－の　しるしを　いれて，ただしい　しきを　つくりましょう。

①～⑥1つ3てん，⑦，⑧1つ4てん【26てん】

① $3+7\square 9=1$　② $12-2\square 4=14$

③ $10+2\square 4=16$　④ $16-4\square 5=17$

⑤ $17-3\square 4=10$　⑥ $11+3\square 2=16$

⑦ $15+4\square 7=12$　⑧ $19-2\square 4=13$

よく　がんばったね。つぎは　パズル(ぱずる)だよ！

こたえ ▷ 89ページ

18 さんすうパズル ［ふしぎな　さんかくを　つくろう①］

みぎの　さんかくの　◯の
なかに　1から　6の　かずを
いれました。
ⓐ，ⓘ，ⓤの　3つの　かずを
それぞれ　たすと，
ⓐ　1＋6＋2＝9
ⓘ　2＋4＋3＝9
ⓤ　1＋5＋3＝9
どれも　9に　なりますね。
こんな　ふしぎな　さんかくを
つくりましょう。

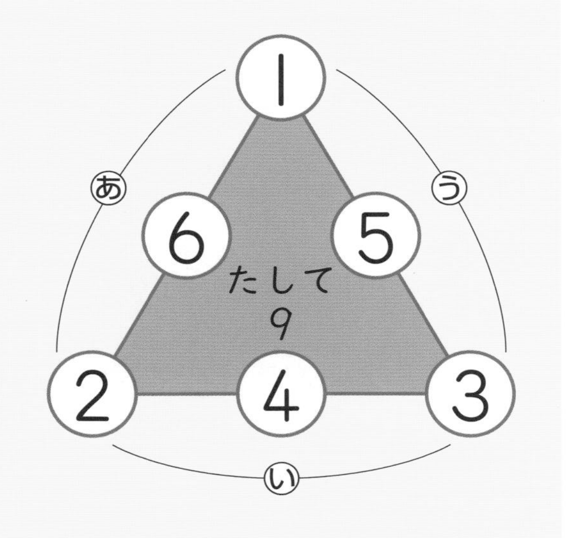

1 ◯の　なかに　1から　6の　かずを　いれて，3つの
かずを　たした　とき，それぞれ　10に　なる　さんかくを
つくりましょう。

・3＋◯＋5＝10
・5＋◯＋1＝10
・3＋◯＋1＝10

1，2，3，4，5，6

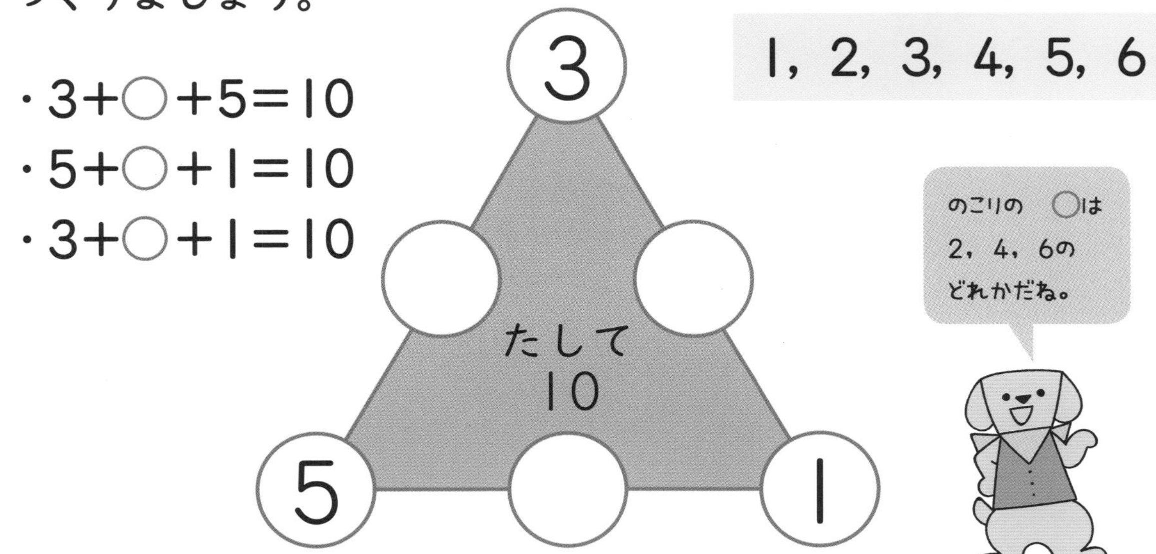

❷ こんどは，◯の　なかに　0から　5の　かずを　いれて，3つの　かずを　たした　とき，それぞれ　8と　9に　なる　さんかくを　つくりましょう。

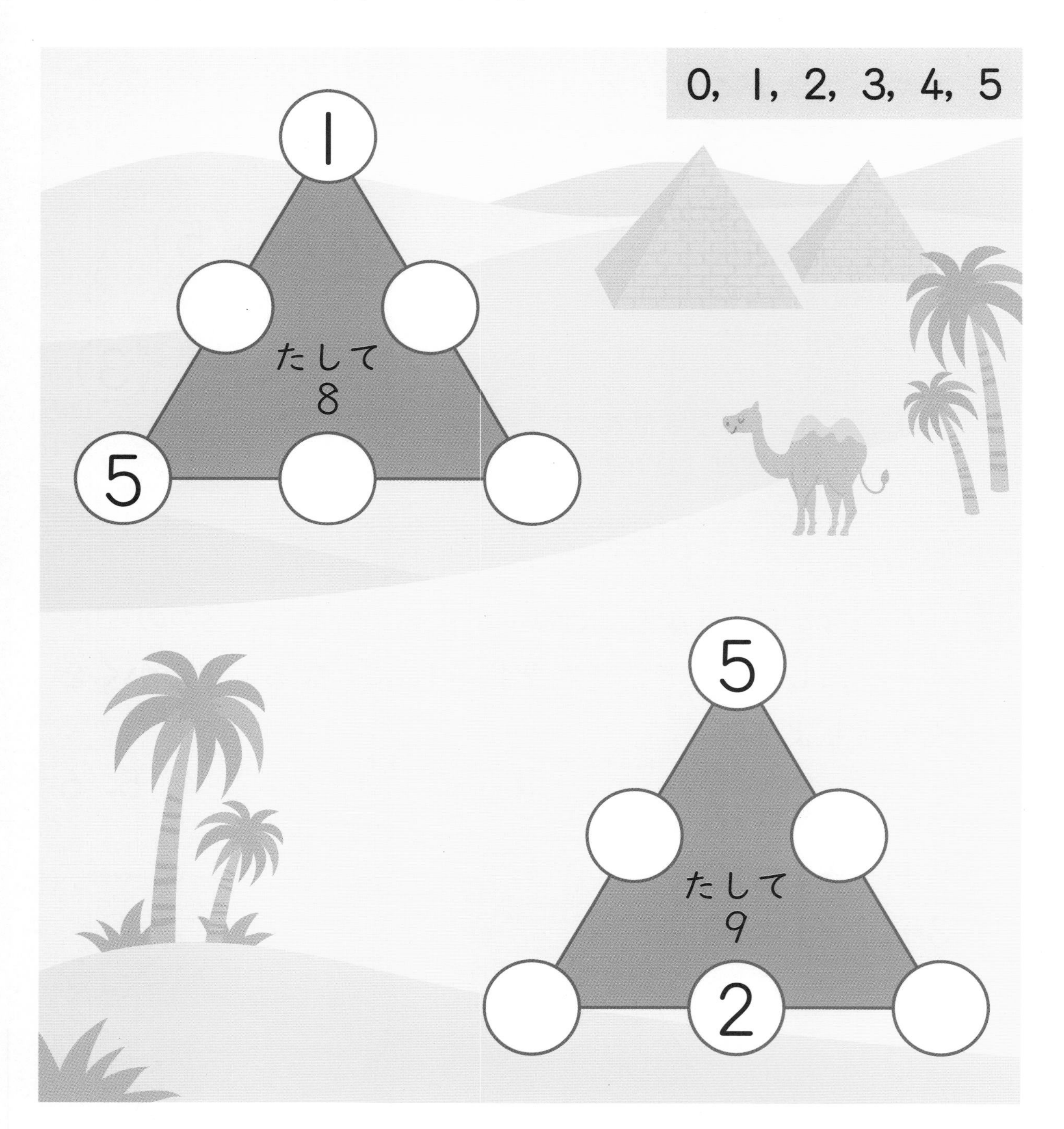

こたえ ▶ 89ページ

19 くり上がりの　ある たしざん①

月　　日　10ぷん

とくてん　　　　てん

1 たしざんを　しましょう。

1つ2てん【48てん】

① 9＋3　　② 8＋5

③ 7＋4　　④ 9＋2

⑤ 8＋4　　⑥ 9＋6

⑦ 7＋5　　⑧ 8＋6

⑨ 9＋8　　⑩ 6＋7

⑪ 8＋8　　⑫ 6＋6

⑬ 5＋7　　⑭ 9＋9

⑮ 7＋8　　⑯ 9＋5

⑰ 2＋9　　⑱ 6＋8

⑲ 5＋6　　⑳ 3＋9

㉑ 4＋8　　㉒ 7＋9

㉓ 5＋9　　㉔ 3＋8

2 たしざんを　しましょう。

1つ2てん【52てん】

① $9+4$

② $7+7$

③ $5+8$

④ $8+9$

⑤ $4+7$

⑥ $6+5$

⑦ $8+3$

⑧ $7+6$

⑨ $9+7$

⑩ $8+4$

⑪ $4+9$

⑫ $8+7$

⑬ $6+7$

⑭ $2+9$

⑮ $4+8$

⑯ $9+6$

⑰ $8+8$

⑱ $7+5$

⑲ $6+9$

⑳ $6+6$

㉑ $7+8$

㉒ $9+8$

㉓ $3+8$

㉔ $9+5$

㉕ $9+9$

㉖ $8+6$

たしざんが　たくさん　できたね。すごい！

こたえ ▶ 90ページ

20 くり上がりの　ある たしざん②

1 たしざんを　しましょう。　1つ2てん【48てん】

① 9 ＋ 5　② 8 ＋ 3

③ 7 ＋ 5　④ 6 ＋ 6

⑤ 8 ＋ 7　⑥ 4 ＋ 9

⑦ 8 ＋ 4　⑧ 9 ＋ 7

⑨ 2 ＋ 9　⑩ 4 ＋ 7

⑪ 9 ＋ 3　⑫ 7 ＋ 7

⑬ 5 ＋ 9　⑭ 9 ＋ 8

⑮ 7 ＋ 6　⑯ 6 ＋ 5

⑰ 8 ＋ 9　⑱ 6 ＋ 8

⑲ 3 ＋ 8　⑳ 7 ＋ 9

㉑ 5 ＋ 7　㉒ 8 ＋ 6

㉓ 7 ＋ 8　㉔ 6 ＋ 7

2 たしざんを　しましょう。

1つ2てん【52てん】

① 8 + 5　　② 4 + 8

③ 7 + 4　　④ 6 + 9

⑤ 9 + 5　　⑥ 9 + 2

⑦ 7 + 5　　⑧ 5 + 6

⑨ 9 + 4　　⑩ 8 + 9

⑪ 8 + 6　　⑫ 4 + 7

⑬ 6 + 7　　⑭ 3 + 9

⑮ 7 + 8　　⑯ 5 + 8

⑰ 9 + 9　　⑱ 8 + 7

⑲ 7 + 6　　⑳ 6 + 8

㉑ 8 + 8　　㉒ 9 + 6

㉓ 6 + 6　　㉔ 9 + 8

㉕ 5 + 9　　㉖ 7 + 7

はんぶんまで　きたよ。のこりも　がんばろう！

こたえ ▶ 90ページ

21 くり上がりの　ある たしざん③

月　　日　10ぷん
とくてん
てん

1 たしざんを　しましょう。　1つ2てん【48てん】

① 7 + 9　② 4 + 7

③ 8 + 4　④ 9 + 2

⑤ 4 + 9　⑥ 6 + 8

⑦ 9 + 7　⑧ 2 + 9

⑨ 7 + 4　⑩ 5 + 7

⑪ 9 + 5　⑫ 8 + 8

⑬ 7 + 6　⑭ 6 + 9

⑮ 9 + 3　⑯ 8 + 6

⑰ 9 + 9　⑱ 5 + 9

⑲ 5 + 6　⑳ 7 + 5

㉑ 3 + 9　㉒ 9 + 4

㉓ 8 + 9　㉔ 7 + 7

2 たしざんを　しましょう。

1つ2てん【52てん】

① $8+4$　② $5+9$

③ $9+6$　④ $3+8$

⑤ $8+5$　⑥ $6+5$

⑦ $4+8$　⑧ $8+8$

⑨ $6+9$　⑩ $5+7$

⑪ $7+4$　⑫ $9+3$

⑬ $7+9$　⑭ $5+6$

⑮ $9+9$　⑯ $6+8$

⑰ $8+7$　⑱ $7+6$

⑲ $4+9$　⑳ $9+5$

㉑ $9+8$　㉒ $6+6$

㉓ $8+3$　㉔ $7+8$

㉕ $8+6$　㉖ $6+7$

たしざんは　もう　ばっちりだね。すごい！

こたえ ▶ 90ページ

たしざんと　ひきざん (2)

くり下がりの　ある ひきざん①

1 ひきざんを　しましょう。　　1つ2てん【48てん】

① 12 − 9	② 11 − 7
③ 13 − 8	④ 12 − 6
⑤ 11 − 9	⑥ 13 − 9
⑦ 12 − 7	⑧ 11 − 5
⑨ 13 − 6	⑩ 14 − 8
⑪ 17 − 9	⑫ 11 − 3
⑬ 16 − 7	⑭ 15 − 8
⑮ 14 − 9	⑯ 17 − 8
⑰ 13 − 5	⑱ 14 − 7
⑲ 11 − 4	⑳ 14 − 5
㉑ 18 − 9	㉒ 16 − 8
㉓ 11 − 2	㉔ 12 − 4

2 ひきざんを　しましょう。

1つ2てん【52てん】

① $12-8$　② $15-9$

③ $11-5$　④ $12-7$

⑤ $15-6$　⑥ $11-8$

⑦ $14-9$　⑧ $12-5$

⑨ $16-7$　⑩ $11-4$

⑪ $11-6$　⑫ $18-9$

⑬ $14-7$　⑭ $13-9$

⑮ $12-4$　⑯ $16-9$

⑰ $15-7$　⑱ $11-3$

⑲ $13-4$　⑳ $16-8$

㉑ $13-6$　㉒ $14-8$

㉓ $11-9$　㉔ $12-3$

㉕ $14-6$　㉖ $13-7$

はい，よく　できました。すばらしい！

こたえ ▶ 91ページ

23 くり下がりの　ある　ひきざん②

月　　日　10ぷん

とくてん

てん

1 ひきざんを　しましょう。　　1つ2てん【48てん】

① 11－8　　② 14－9

③ 13－7　　④ 12－7

⑤ 16－8　　⑥ 14－6

⑦ 15－9　　⑧ 16－7

⑨ 12－5　　⑩ 11－2

⑪ 11－6　　⑫ 12－4

⑬ 12－9　　⑭ 14－8

⑮ 11－7　　⑯ 11－9

⑰ 15－8　　⑱ 18－9

⑲ 14－7　　⑳ 15－6

㉑ 11－4　　㉒ 13－5

㉓ 12－3　　㉔ 11－5

2 ひきざんを　しましょう。

1つ2てん【52てん】

① 13－9　② 17－8

③ 11－3　④ 12－8

⑤ 16－9　⑥ 13－4

⑦ 11－8　⑧ 17－9

⑨ 12－5　⑩ 13－8

⑪ 15－7　⑫ 11－5

⑬ 12－6　⑭ 15－8

⑮ 14－5　⑯ 11－7

⑰ 16－7　⑱ 13－6

⑲ 14－9　⑳ 16－8

㉑ 12－3　㉒ 14－8

㉓ 18－9　㉔ 11－6

㉕ 14－7　㉖ 12－4

たくさん　ひきざんが　できたね。おつかれさま。

こたえ ▶ 91ページ

たしざんと　ひきざん (2)

24 くり下がりの　ある　ひきざん③

月　　日

とくてん

てん

10ぷん

1 ひきざんを　しましょう。　　1つ2てん【48てん】

① 11 − 5　　② 13 − 4

③ 12 − 9　　④ 14 − 8

⑤ 11 − 2　　⑥ 13 − 7

⑦ 14 − 9　　⑧ 15 − 6

⑨ 17 − 9　　⑩ 12 − 5

⑪ 13 − 8　　⑫ 11 − 3

⑬ 15 − 9　　⑭ 13 − 5

⑮ 16 − 8　　⑯ 11 − 7

⑰ 12 − 6　　⑱ 14 − 5

⑲ 11 − 9　　⑳ 12 − 7

㉑ 11 − 4　　㉒ 14 − 7

㉓ 18 − 9　　㉔ 12 − 4

2 ひきざんを　しましょう。

1つ2てん【52てん】

① 12－3　　② 11－8

③ 16－7　　④ 13－9

⑤ 15－8　　⑥ 11－6

⑦ 12－8　　⑧ 15－7

⑨ 16－9　　⑩ 17－8

⑪ 14－8　　⑫ 11－7

⑬ 12－5　　⑭ 18－9

⑮ 12－7　　⑯ 17－9

⑰ 13－7　　⑱ 12－6

⑲ 14－6　　⑳ 11－9

㉑ 16－8　　㉒ 13－8

㉓ 13－6　　㉔ 12－4

㉕ 15－6　　㉖ 11－4

この　ちょうしで　がんがん　すすめよう。

こたえ ▶ 91ページ

25 たしざんと　ひきざん⑤

月　日　10ぷん
とくてん　てん

1 けいさんを　しましょう。　1つ2てん【48てん】

① 9＋2　② 3＋9

③ 6＋8　④ 8＋5

⑤ 4＋7　⑥ 8＋9

⑦ 9＋5　⑧ 6＋6

⑨ 7＋9　⑩ 5＋7

⑪ 8＋7　⑫ 7＋6

⑬ 12－7　⑭ 11－2

⑮ 15－9　⑯ 11－8

⑰ 13－7　⑱ 15－6

⑲ 12－9　⑳ 16－8

㉑ 11－4　㉒ 13－8

㉓ 17－8　㉔ 14－6

2 けいさんを　しましょう。

1つ2てん【52てん】

① $5+6$

② $9+3$

③ $9+7$

④ $5+9$

⑤ $11-3$

⑥ $12-8$

⑦ $13-6$

⑧ $17-9$

⑨ $7+7$

⑩ $4+9$

⑪ $7+4$

⑫ $8+6$

⑬ $11-9$

⑭ $14-5$

⑮ $12-6$

⑯ $16-9$

⑰ $6+9$

⑱ $9+8$

⑲ $7+5$

⑳ $5+8$

㉑ $13-4$

㉒ $11-7$

㉓ $14-9$

㉔ $15-7$

㉕ $8+7$

㉖ $14-8$

たしざんか　ひきざんか　よく　みて　できたね。

こたえ ▶ 92ページ

たしざんと　ひきざん⑥

月　　日
とくてん
てん
10ぷん

1 けいさんを　しましょう。　1つ2てん【48てん】

① 8＋3　② 6＋5

③ 12－9　④ 15－8

⑤ 8＋8　⑥ 3＋9

⑦ 12－3　⑧ 11－6

⑨ 6＋7　⑩ 9＋9

⑪ 11－8　⑫ 13－5

⑬ 8＋4　⑭ 6＋8

⑮ 18－9　⑯ 14－7

⑰ 9＋5　⑱ 7＋9

⑲ 13－8　⑳ 14－6

㉑ 9＋6　㉒ 8＋7

㉓ 13－7　㉔ 16－8

2 けいさんを　しましょう。

1つ2てん【52てん】

① 12－7　② 9＋4

③ 5＋9　④ 17－8

⑤ 12－6　⑥ 7＋7

⑦ 13－9　⑧ 3＋8

⑨ 9＋2　⑩ 11－7

⑪ 5＋7　⑫ 9＋7

⑬ 14－5　⑭ 6＋6

⑮ 11－3　⑯ 12－5

⑰ 8＋9　⑱ 15－7

⑲ 11－4　⑳ 7＋6

㉑ 14－8　㉒ 4＋8

㉓ 8＋6　㉔ 13－6

㉕ 12－4　㉖ 7＋8

よく　がんばりました。さすがだね！

こたえ ▶ 92ページ

27 たしざんと　ひきざん⑦

月　日　10ぷん
とくてん
てん

1 けいさんを　しましょう。　1つ2てん【48てん】

① 12 − 8　② 11 − 2

③ 9 + 3　④ 6 + 9

⑤ 16 − 9　⑥ 11 − 5

⑦ 5 + 6　⑧ 9 + 8

⑨ 15 − 6　⑩ 13 − 8

⑪ 2 + 9　⑫ 8 + 5

⑬ 11 − 8　⑭ 13 − 4

⑮ 7 + 5　⑯ 4 + 9

⑰ 12 − 5　⑱ 14 − 9

⑲ 8 + 8　⑳ 7 + 4

㉑ 14 − 7　㉒ 17 − 9

㉓ 6 + 8　㉔ 9 + 6

2 けいさんを　しましょう。

1つ2てん【52てん】

① 8＋4　　② 16－7

③ 7＋6　　④ 11－9

⑤ 12－7　　⑥ 5＋8

⑦ 13－6　　⑧ 9＋7

⑨ 15－9　　⑩ 6＋6

⑪ 8＋9　　⑫ 12－3

⑬ 7＋7　　⑭ 14－6

⑮ 11－4　　⑯ 4＋7

⑰ 12－9　　⑱ 8＋6

⑲ 9＋9　　⑳ 17－8

㉑ 13－7　　㉒ 3＋9

㉓ 7＋8　　㉔ 16－8

㉕ 6＋7　　㉖ 12－4

すごく　がんばって　いるね。この　ちょうし！

こたえ ▶ 92ページ

たしざんと　ひきざん⑧

月　日　10ぷん

とくてん　てん

1 けいさんを　しましょう。

1つ2てん【48てん】

① 5 + 9　② 9 + 2

③ 11 − 7　④ 15 − 8

⑤ 6 + 5　⑥ 8 + 7

⑦ 13 − 9　⑧ 14 − 5

⑨ 4 + 8　⑩ 6 + 9

⑪ 15 − 7　⑫ 11 − 6

⑬ 8 + 3　⑭ 9 + 5

⑮ 14 − 8　⑯ 11 − 3

⑰ 5 + 7　⑱ 9 + 4

⑲ 13 − 5　⑳ 14 − 9

㉑ 4 + 7　㉒ 7 + 9

㉓ 18 − 9　㉔ 12 − 6

2 けいさんを　しましょう。

1つ2てん【52てん】

① $12-8$　② $8+4$

③ $7+7$　④ $11-9$

⑤ $9+7$　⑥ $15-6$

⑦ $13-6$　⑧ $2+9$

⑨ $15-9$　⑩ $7+6$

⑪ $7+4$　⑫ $13-8$

⑬ $8+8$　⑭ $17-8$

⑮ $14-6$　⑯ $4+9$

⑰ $7+8$　⑱ $12-4$

⑲ $13-7$　⑳ $5+8$

㉑ $6+8$　㉒ $14-7$

㉓ $11-4$　㉔ $8+9$

㉕ $16-8$　㉖ $6+7$

たしざんも　ひきざんも　ばっちりだね。えらい！

こたえ ▶ 92ページ

チャ

29 たしざんと　ひきざん (2)

たしざんと　ひきざん⑨

月　　日

とくてん

てん

10 ぷん

1 こたえが　14や　6に　なるように，□に　あてはまる　かずを　かきましょう。

1つ 2てん【20てん】

① こたえが　14に　なる　たしざん

㋐ $5+\square=14$

㋑ $6+\square=14$

㋒ $7+\square=14$

㋓ $8+\square=14$

㋔ $9+\square=14$

② こたえが　6に　なる　ひきざん

㋐ $11-\square=6$

㋑ $12-\square=6$

㋒ $13-\square=6$

㋓ $14-\square=6$

㋔ $15-\square=6$

2 ただしい　しきに　なるように，□に　あてはまる　かずを　⬚から　えらんで　かきましょう。

1つ 4てん【16てん】

① $9+\square=13$

② $\square+7=12$

③ $13-\square=7$

④ $\square-7=4$

3　4　5　6　7　10　11　12

3 □に　あてはまる　かずを　かきましょう。　1つ4てん【64てん】

① $9 + \square = 12$　② $8 + \square = 12$

③ $5 + \square = 13$　④ $7 + \square = 12$

⑤ $\square + 9 = 15$　⑥ $\square + 4 = 11$

⑦ $\square + 7 = 13$　⑧ $\square + 8 = 15$

⑨ $12 - \square = 3$　⑩ $15 - \square = 7$

⑪ $11 - \square = 7$　⑫ $13 - \square = 8$

⑬ $\square - 8 = 4$　⑭ $\square - 6 = 5$

⑮ $\square - 8 = 9$　⑯ $\square - 6 = 8$

たくさん　けいさんできたね。すごい！

こたえ ▶ 93ページ

3つの　かずの　けいさん④

月　日　とくてん　てん　15ふん

1 けいさんを　しましょう。　1つ2てん【20てん】

① 5＋4＋3　② 6＋2＋5

③ 13－4－4　④ 15－8－5

⑤ 9－5＋8　⑥ 10－1＋7

⑦ 13－9＋5　⑧ 11－5＋2

⑨ 3＋9－1　⑩ 10＋2－8

2 けいさんを　しましょう。　1つ3てん【24てん】

① 15－6＋2　② 16－8＋9

③ 14－7＋4　④ 13－6＋9

⑤ 4＋9－8　⑥ 5＋6－7

⑦ 6＋6－4　⑧ 7＋8－6

3 けいさんを　しましょう。　①～④1つ2てん，⑤～⑳1つ3てん【56てん】

① $1+8+5$

② $14-9-2$

③ $10+2-8$

④ $5+7-2$

⑤ $11-4-6$

⑥ $3+3+8$

⑦ $8-4+9$

⑧ $12-9+7$

⑨ $10-7+8$

⑩ $9+2-6$

⑪ $2+5+4$

⑫ $11-6+9$

⑬ $8+8-6$

⑭ $2+6+8$

⑮ $14-7+3$

⑯ $13-7-4$

⑰ $9+7+1$

⑱ $6+6-4$

⑲ $12-3+9$

⑳ $16-7-3$

むずかしい　けいさんを　よく　がんばったね。

こたえ ▶ 93ページ

3つの　かずの　けいさん⑤

月　日　15ふん

とくてん　　てん

1 □に　あてはまる　かずを　かきましょう。　1つ3てん【18てん】

① 3＋6＋□＝14

9　9＋□＝14

② 5＋3＋□＝12

③ 12－6－□＝3

④ 16－9－□＝5

⑤ 15－9＋□＝7

⑥ 7＋6－□＝8

2 □に　＋か　－の　しるしを　いれて，ただしい　しきを　つくりましょう。　1つ3てん【24てん】

① 3＋8□5＝16

11　11□5＝16

② 8＋6□4＝10

③ 17－9□1＝7

④ 12－8□4＝8

⑤ 1＋4□6＝11

⑥ 18－9□6＝3

⑦ 13－8□2＝7

⑧ 9＋2□4＝7

3 □に　あてはまる　かずを　かきましょう。

1つ4てん【32てん】

① $17-8-\square=2$　② $2+5+\square=11$

③ $14-9+\square=8$　④ $7+9-\square=12$

⑤ $7+2+\square=18$　⑥ $10-4+\square=14$

⑦ $4+7+\square=16$　⑧ $5+9-\square=7$

4 □に　＋か　－の　しるしを　いれて，ただしい　しきを　つくりましょう。

①～⑥1つ3てん，⑦，⑧1つ4てん【26てん】

① $9+6\square5=10$　② $11-9\square7=9$

③ $3+3\square8=14$　④ $8+7\square9=6$

⑤ $11-4\square1=8$　⑥ $15-6\square4=5$

⑦ $2+9\square4=7$　⑧ $10-3\square8=15$

さんすうはかせに　なれそうだね。すごい！

こたえ ▶ 93ページ

32 大きな　かずの　けいさん
なん十の　けいさん

月　　日　10ぷん

とくてん　　　　てん

1 たしざんを　しましょう。　1つ2てん【24てん】

① 20 + 30　　② 40 + 20

③ 70 + 10　　④ 10 + 50

⑤ 30 + 30　　⑥ 50 + 20

⑦ 80 + 10　　⑧ 20 + 50

⑨ 60 + 20　　⑩ 30 + 40

⑪ 50 + 40　　⑫ 40 + 60

2 ひきざんを　しましょう。　1つ2てん【24てん】

① 70 − 20　　② 50 − 10

③ 60 − 50　　④ 70 − 50

⑤ 40 − 20　　⑥ 30 − 10

⑦ 60 − 30　　⑧ 80 − 50

⑨ 90 − 40　　⑩ 80 − 20

⑪ 90 − 60　　⑫ 100 − 40

3 けいさんを　しましょう。

1つ2てん【52てん】

① $20 + 20$　　② $10 + 60$

③ $40 - 10$　　④ $90 - 50$

⑤ $40 + 30$　　⑥ $50 + 10$

⑦ $80 - 30$　　⑧ $50 - 20$

⑨ $50 + 30$　　⑩ $40 + 50$

⑪ $60 - 40$　　⑫ $90 - 20$

⑬ $20 + 40$　　⑭ $70 + 20$

⑮ $80 - 70$　　⑯ $70 - 30$

⑰ $50 + 50$　　⑱ $20 + 70$

⑲ $100 - 80$　　⑳ $90 - 70$

㉑ $70 + 30$　　㉒ $40 + 40$

㉓ $80 - 40$　　㉔ $100 - 30$

㉕ $60 + 30$　　㉖ $20 + 80$

なん十(じゅう)の　けいさんが　できたね。すばらしい！

こたえ ▷ 94ページ

大きな　かずの　けいさん

33 なん十と　いくつの　けいさん①

月　日　10ぷん

とくてん　　てん

1 たしざんを　しましょう。　1つ2てん【24てん】

① 40 + 5　② 20 + 3

③ 50 + 7　④ 30 + 9

⑤ 80 + 1　⑥ 60 + 4

⑦ 70 + 6　⑧ 90 + 8

⑨ 2 + 30　⑩ 6 + 40

⑪ 9 + 80　⑫ 7 + 90

2 ひきざんを　しましょう。　1つ2てん【24てん】

① 36 − 6　② 28 − 8

③ 45 − 5　④ 87 − 7

⑤ 51 − 1　⑥ 67 − 7

⑦ 93 − 3　⑧ 34 − 4

⑨ 48 − 8　⑩ 89 − 9

⑪ 72 − 2　⑫ 95 − 5

3 けいさんを　しましょう。

1つ2てん【52てん】

① 30 + 6　② 50 + 2

③ 24 − 4　④ 37 − 7

⑤ 60 + 5　⑥ 40 + 4

⑦ 59 − 9　⑧ 71 − 1

⑨ 70 + 3　⑩ 80 + 6

⑪ 65 − 5　⑫ 92 − 2

⑬ 20 + 2　⑭ 90 + 9

⑮ 88 − 8　⑯ 43 − 3

⑰ 60 + 8　⑱ 80 + 4

⑲ 26 − 6　⑳ 68 − 8

㉑ 1 + 50　㉒ 4 + 40

㉓ 77 − 7　㉔ 59 − 9

㉕ 8 + 60　㉖ 9 + 70

たしざんと　ひきざんに　ちゅういして　できたね。

こたえ ▷ 94ページ

34

大きな　かずの　けいさん

なん十と　いくつの　けいさん②

月　日　とくてん　てん　10ぷん

1 たしざんを　しましょう。　1つ2てん【24てん】

① 25 ＋ 3　　② 34 ＋ 2

③ 42 ＋ 3　　④ 61 ＋ 4

⑤ 56 ＋ 1　　⑥ 82 ＋ 5

⑦ 74 ＋ 5　　⑧ 93 ＋ 6

⑨ 1 ＋ 37　　⑩ 5 ＋ 42

⑪ 8 ＋ 71　　⑫ 6 ＋ 62

2 ひきざんを　しましょう。　1つ2てん【24てん】

① 28 − 5　　② 34 − 2

③ 57 − 1　　④ 76 − 2

⑤ 69 − 5　　⑥ 95 − 3

⑦ 47 − 5　　⑧ 89 − 4

⑨ 53 − 2　　⑩ 27 − 3

⑪ 88 − 7　　⑫ 69 − 6

3 けいさんを　しましょう。　　1つ2てん【52てん】

①　43 + 2　　②　31 + 7

③　56 − 3　　④　35 − 4

⑤　68 + 1　　⑥　21 + 6

⑦　65 − 2　　⑧　28 − 1

⑨　53 + 5　　⑩　87 + 2

⑪　42 − 1　　⑫　88 − 3

⑬　63 + 3　　⑭　72 + 4

⑮　39 − 2　　⑯　69 − 8

⑰　82 + 7　　⑱　93 + 4

⑲　48 − 4　　⑳　57 − 4

㉑　2 + 56　　㉒　5 + 24

㉓　78 − 6　　㉔　99 − 3

㉕　1 + 88　　㉖　4 + 93

大(おお)きな　かずでも　へっちゃらだね。すごいよ！

こたえ ▶ 94ページ

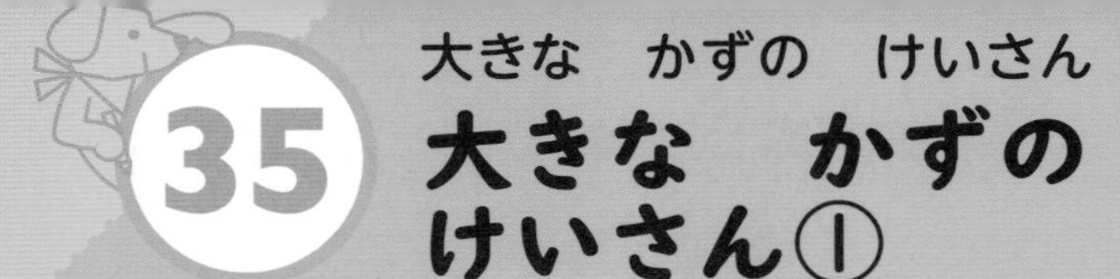

35 大きな　かずの　けいさん①

10ぷん

月　　日

とくてん　　　てん

1 たしざんを　しましょう。　　1つ2てん【24てん】

① 30 ＋ 20　　② 40 ＋ 2

③ 21 ＋ 5　　④ 40 ＋ 30

⑤ 80 ＋ 7　　⑥ 55 ＋ 2

⑦ 6 ＋ 60　　⑧ 30 ＋ 60

⑨ 50 ＋ 5　　⑩ 6 ＋ 72

⑪ 90 ＋ 4　　⑫ 60 ＋ 40

2 ひきざんを　しましょう。　　1つ2てん【24てん】

① 27 － 7　　② 50 － 40

③ 45 － 3　　④ 69 － 1

⑤ 70 － 20　　⑥ 59 － 4

⑦ 82 － 2　　⑧ 36 － 2

⑨ 100 － 60　　⑩ 44 － 4

⑪ 78 － 2　　⑫ 90 － 30

3 けいさんを　しましょう。　　1つ2てん【52てん】

① $30 + 8$　② $29 - 9$

③ $60 - 30$　④ $50 + 30$

⑤ $62 + 3$　⑥ $43 - 2$

⑦ $6 + 50$　⑧ $80 - 60$

⑨ $79 - 1$　⑩ $90 + 2$

⑪ $38 - 5$　⑫ $6 + 23$

⑬ $20 + 50$　⑭ $66 - 6$

⑮ $44 + 4$　⑯ $36 - 4$

⑰ $99 - 9$　⑱ $70 + 20$

⑲ $8 + 80$　⑳ $57 - 3$

㉑ $70 - 40$　㉒ $4 + 83$

㉓ $49 - 6$　㉔ $20 + 80$

㉕ $62 + 7$　㉖ $100 - 30$

よく　がんばって　いるね。えらいよ！

こたえ ▶ 95ページ

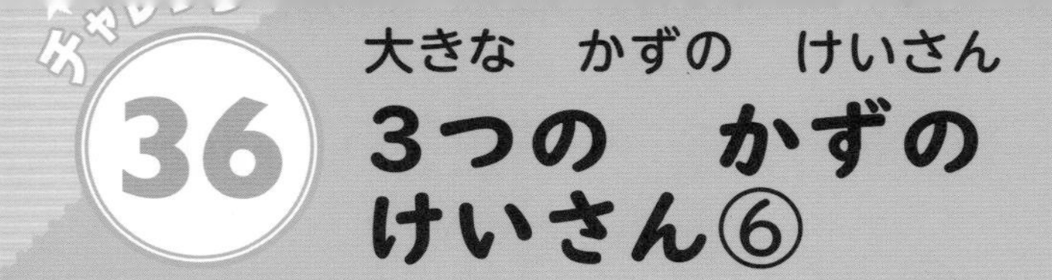

3つの　かずの　けいさん⑥

月　日　15ふん

とくてん　てん

1 けいさんを　しましょう。

①～⑥1つ2てん，⑦～⑩1つ3てん【24てん】

① $50+20+10$　② $30+50+20$

③ $80+10-50$　④ $40+60-10$

⑤ $10+20+5$　⑥ $20+30+6$

⑦ $20+3-2$　⑧ $50+7-2$

⑨ $61+8-4$　⑩ $95+2-4$

2 けいさんを　しましょう。

1つ2てん【16てん】

① $90-10-40$　② $100-50-30$

③ $90-20+10$　④ $100-70+10$

⑤ $53-3-20$　⑥ $45-5-10$

⑦ $30-10+4$　⑧ $70-60+9$

3 けいさんを　しましょう。

1つ3てん【60てん】

① $20+50+20$

② $60+10+2$

③ $53-3-10$

④ $30+8-7$

⑤ $90-60+40$

⑥ $80-20-40$

⑦ $50+40+6$

⑧ $60-20+5$

⑨ $40+6-3$

⑩ $50+10+40$

⑪ $80-30+7$

⑫ $86-6-60$

⑬ $20+70-30$

⑭ $30+30+4$

⑮ $70+7-5$

⑯ $100-60+40$

⑰ $100-20-50$

⑱ $70-30+9$

⑲ $97-7-70$

⑳ $30+70-40$

さんすうはかせに　なれそうだよ。

こたえ ▶ 95ページ

大きな　かずの　けいさん②

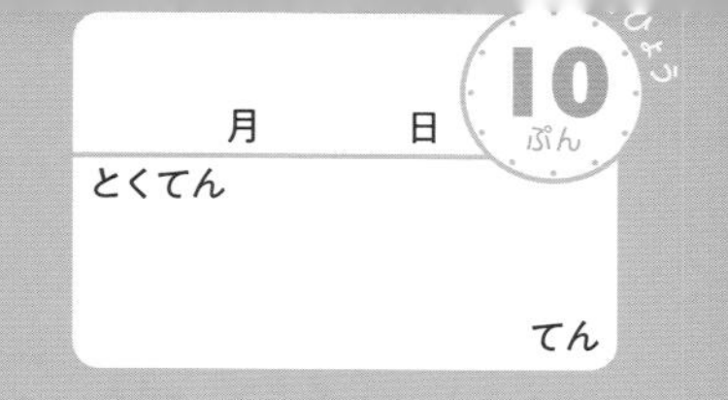

1 たしざんを　しましょう。

1つ 2てん【10てん】

① 24＋10＝□

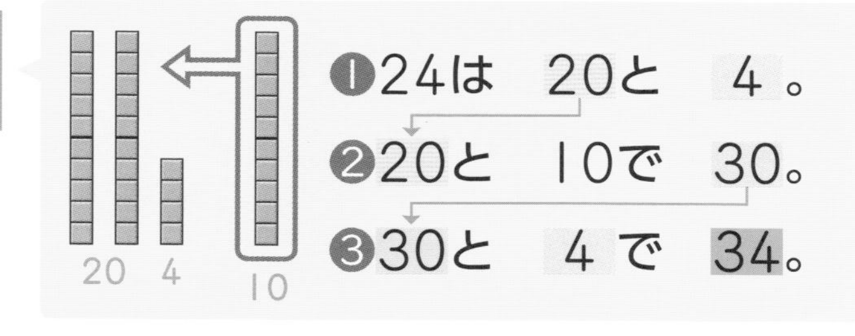

② 31＋20＝□

③ 16＋50＝□

④ 47＋30＝□

⑤ 65＋20＝□

2 ひきざんを　しましょう。

1つ 2てん【12てん】

① 36－30＝□

② 35－20＝□

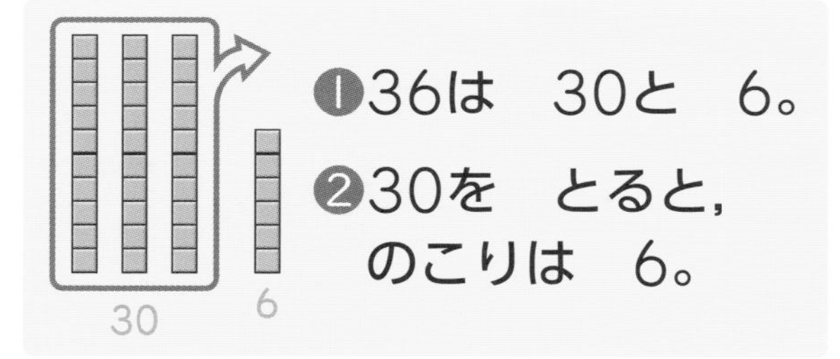

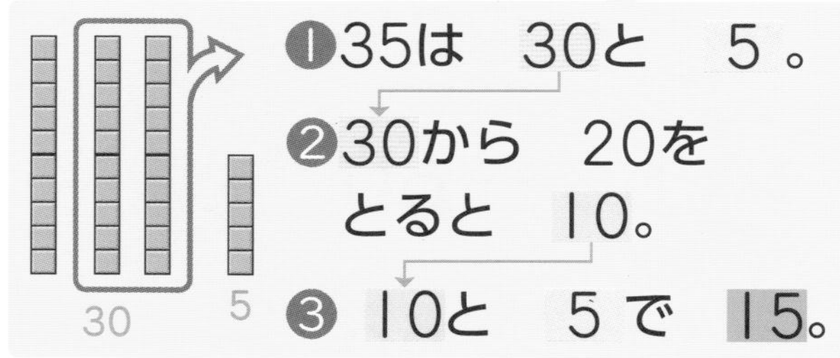

③ 43－40＝□

④ 78－70＝□

⑤ 51－10＝□

⑥ 67－30＝□

3 たしざんを　しましょう。

1つ 3てん【30てん】

① 25 + 20　　② 17 + 60

③ 53 + 30　　④ 71 + 10

⑤ 38 + 40　　⑥ 29 + 40

⑦ 84 + 10　　⑧ 42 + 20

⑨ 76 + 20　　⑩ 34 + 60

4 ひきざんを　しましょう。

1つ 4てん【48てん】

① 28 − 20　　② 51 − 50

③ 75 − 70　　④ 33 − 30

⑤ 92 − 90　　⑥ 87 − 80

⑦ 66 − 60　　⑧ 39 − 10

⑨ 74 − 20　　⑩ 47 − 30

⑪ 85 − 40　　⑫ 72 − 50

こんな　けいさんも　できるなんて　すごいよ。

こたえ ▷ 95ページ

大きな　かずの　けいさん

38 大きな　かずの　けいさん③

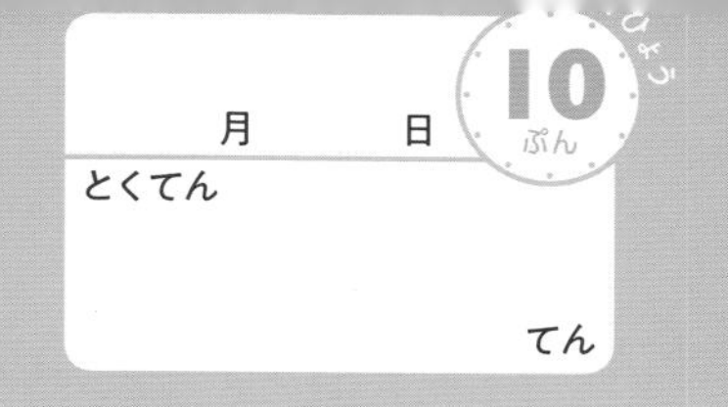

1 たしざんを　しましょう。

1つ3てん【15てん】

① 25＋5＝□

② 34＋6＝□

③ 59＋1＝□

④ 66＋4＝□

⑤ 42＋8＝□

2 ひきざんを　しましょう。

1つ3てん【15てん】

① 40－5＝□

② 50－9＝□

③ 30－1＝□

④ 20－2＝□

⑤ 80－6＝□

3 たしざんを　しましょう。

1つ3てん【30てん】

① 32 + 8　　② 69 + 1

③ 53 + 7　　④ 71 + 9

⑤ 47 + 3　　⑥ 28 + 2

⑦ 55 + 5　　⑧ 64 + 6

⑨ 78 + 2　　⑩ 36 + 4

4 ひきざんを　しましょう。

①～⑧1つ3てん，⑨～⑫1つ4てん【40てん】

① 20 − 8　　② 60 − 1

③ 70 − 2　　④ 30 − 3

⑤ 50 − 6　　⑥ 90 − 4

⑦ 40 − 9　　⑧ 50 − 5

⑨ 60 − 7　　⑩ 80 − 2

⑪ 90 − 8　　⑫ 70 − 6

つぎは　パズル(ぱずる)で，さいごは　まとめテスト(てすと)だよ！

こたえ ▶ 96ページ

39 さんすう パズル ［ふしぎな　さんかくを つくろう②］

　みぎの　さんかくの　○の
なかに　1から　6の　かずを
いれました。
　あ，い，うの　3つの　かずを
それぞれ　たすと，
　あ　1＋4＋5＝10
　い　1＋6＋3＝10
　う　5＋2＋3＝10
　どれも　10に　なりますね。
　こんな　ふしぎな　さんかくを
つくりましょう。

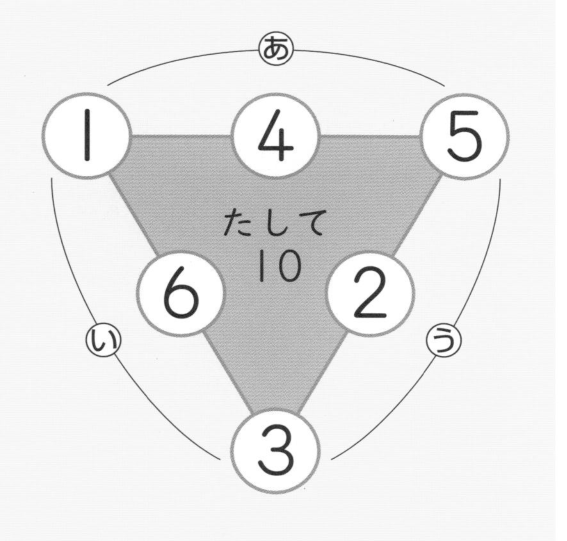

1 ○の　なかに　1から　6の　かずを　いれて，3つの　かずを　たした　とき，それぞれ　11に　なる　さんかくを　つくりましょう。

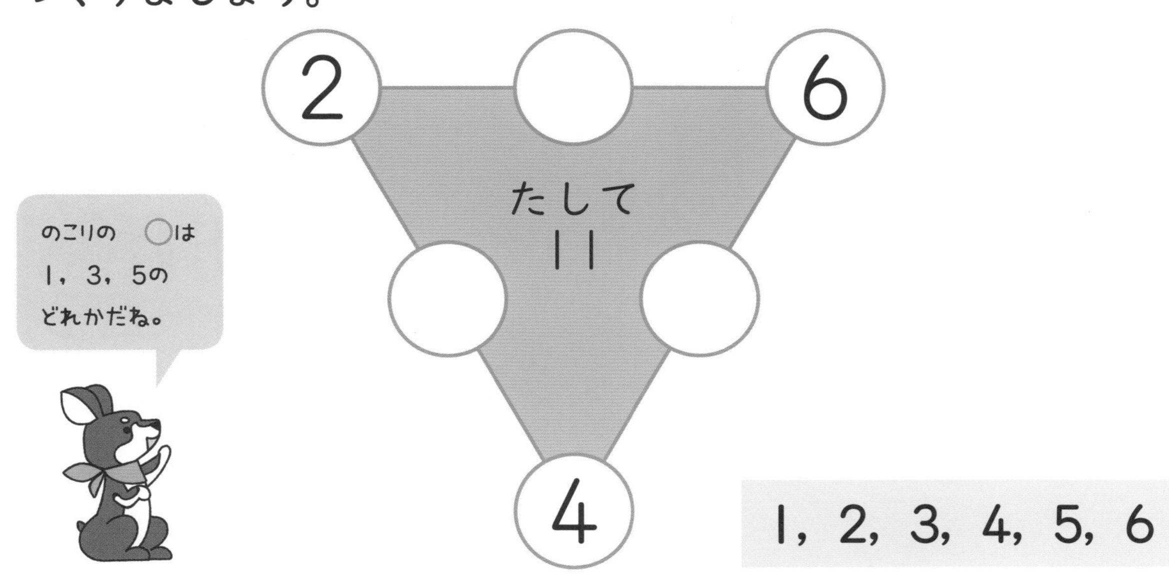

2 こんどは，◯の　なかに　2から　7の　かずを　いれて，3つの　かずを　たした　とき，それぞれ　13，14，15に　なる　さんかくを　つくりましょう。

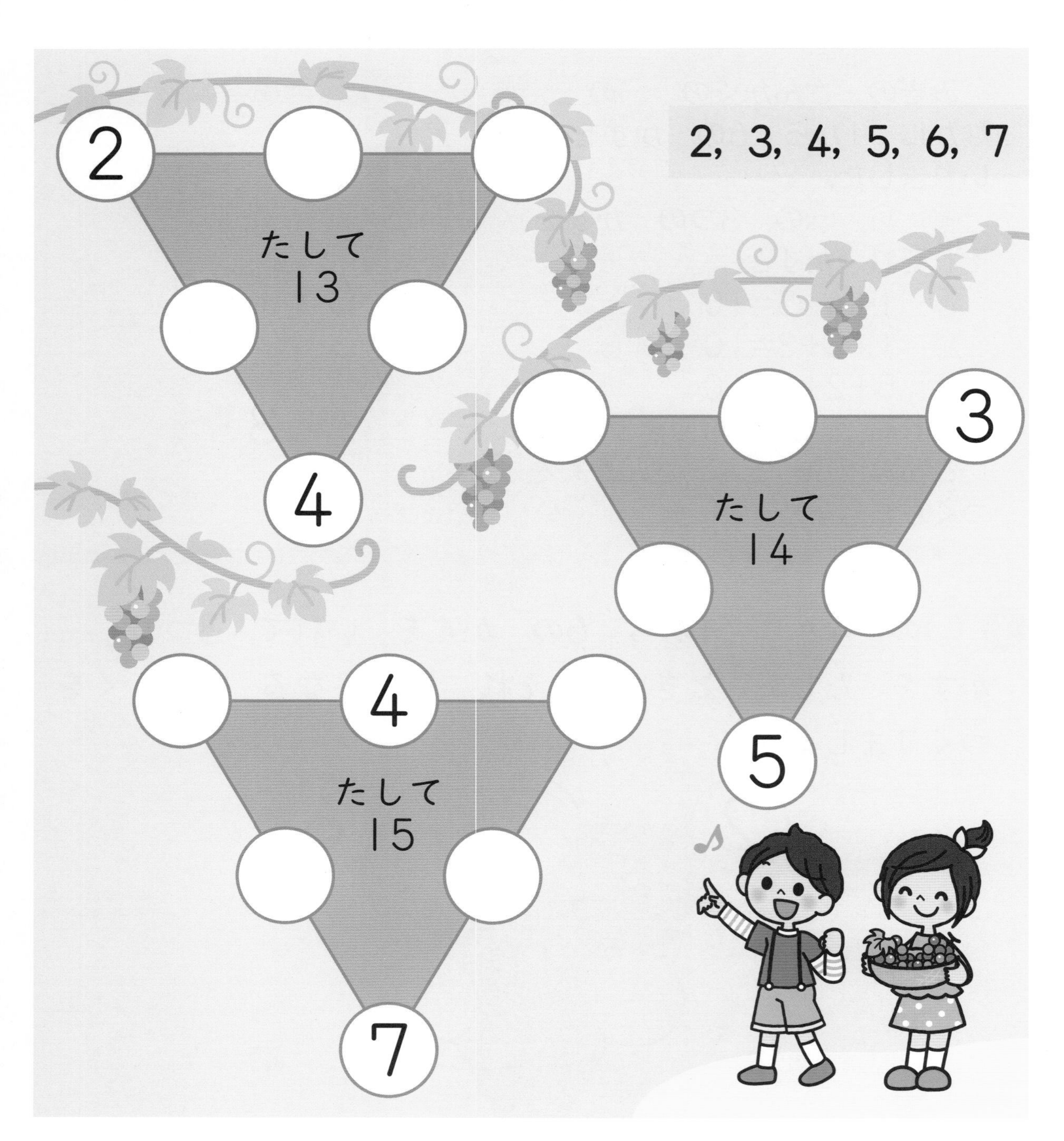

こたえ ▶ 96ページ

40 まとめテスト

なまえ

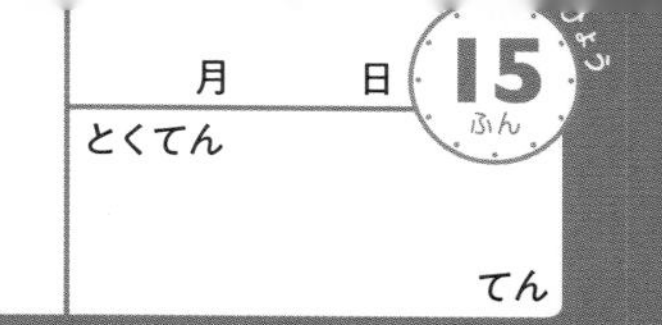

1 けいさんを　しましょう。　　1つ2てん【16てん】

① 4＋3　② 3＋7

③ 0＋1　④ 9－3

⑤ 10－6　⑥ 2－2

⑦ 12＋7　⑧ 16－2

2 けいさんを　しましょう。　　1つ2てん【8てん】

① 8＋2＋5　② 17－7－2

③ 10－4＋3　④ 5＋5－4

3 けいさんを　しましょう。　　1つ2てん【12てん】

① 6＋8　② 9＋7

③ 7＋6　④ 11－4

⑤ 12－7　⑥ 14－8

4 けいさんを　しましょう。　　1つ2てん【12てん】

① 60＋20　② 100－30

③ 40＋7　④ 87－4

⑤ 93－3　⑥ 68－2

5 けいさんを　しましょう。　　1つ2てん【52てん】

① $2+6$

② $7-7$

③ $8+8$

④ $0+0$

⑤ $4+10$

⑥ $6+9$

⑦ $12-4$

⑧ $10-8$

⑨ $13-7$

⑩ $19-6$

⑪ $17-8$

⑫ $4+6+7$

⑬ $1+9-3$

⑭ $15-5-7$

⑮ $10-6+4$

⑯ $10+7-3$

⑰ $18-8+6$

⑱ $10+4-6$

⑲ $6+9-8$

⑳ $70+30$

㉑ $2+30$

㉒ $77-7$

㉓ $23+6$

㉔ $100-40$

㉕ $20+80-60$

㉖ $90-20+3$

こたえ ▶ 96ページ

こたえとアドバイス

おうちの方へ
▶まちがえた問題は，何度も練習させましょう。
▶アドバイス も参考に，お子さまに指導してあげてください。

1 たしざん① 5~6ページ

1 ①3 ②4 ③5 ④7 ⑤5 ⑥5 ⑦2 ⑧6 ⑨6 ⑩8 ⑪6 ⑫7 ⑬7 ⑭8 ⑮6 ⑯6 ⑰8 ⑱9 ⑲10 ⑳9 ㉑8 ㉒8 ㉓7 ㉔10

2 ①3 ②4 ③6 ④5 ⑤8 ⑥4 ⑦7 ⑧8 ⑨6 ⑩10 ⑪9 ⑫10 ⑬9 ⑭9 ⑮10 ⑯9 ⑰10 ⑱7 ⑲8 ⑳10 ㉑8 ㉒10 ㉓9 ㉔7 ㉕10 ㉖9

アドバイス　答えが10以内のたし算と，このあとのひかれる数が10以内のひき算は，初めの段階では，ブロックなどで数をイメージして計算させましょう。難しいようであれば，おはじきなどを与えて考えさせ，数のイメージが持てるようにするとよいです。そして，最終的には，式で使われている2つの数を見たら，反射的に答えが出るようになることを目標に取り組ませましょう。

答えは必ず，「＝」をつけて書くように指導してください。面倒がって書かなかったり，最初に「＝」だけ全部書いたりするお子さまがいます。その都度しっかり書くようにさせましょう。

2 たしざん② 7~8ページ

1 ①5 ②7 ③8 ④3 ⑤9 ⑥5 ⑦6 ⑧10 ⑨4 ⑩8 ⑪2 ⑫7 ⑬5 ⑭9 ⑮10 ⑯4 ⑰9 ⑱6 ⑲10 ⑳9 ㉑10 ㉒5 ㉓7 ㉔9

2 ①7 ②8 ③3 ④9 ⑤6 ⑥9 ⑦7 ⑧6 ⑨9 ⑩10 ⑪8 ⑫4 ⑬8 ⑭6 ⑮8 ⑯10 ⑰9 ⑱8 ⑲7 ⑳10 ㉑9 ㉒7 ㉓10 ㉔6 ㉕9 ㉖10

3 ひきざん① 9~10ページ

1 ①2 ②1 ③3 ④1 ⑤3 ⑥2 ⑦4 ⑧5 ⑨7 ⑩2 ⑪1 ⑫3 ⑬6 ⑭1 ⑮4 ⑯5 ⑰2 ⑱2 ⑲2 ⑳5 ㉑5 ㉒8 ㉓4 ㉔1

2 ①3 ②1 ③5 ④2 ⑤3 ⑥5 ⑦3 ⑧1 ⑨4 ⑩5 ⑪9 ⑫4 ⑬7 ⑭7 ⑮3 ⑯3 ⑰1 ⑱4 ⑲6 ⑳2 ㉑6 ㉒1 ㉓3 ㉔2 ㉕6 ㉖8

4 ひきざん② 11~12ページ

1 ①3 ②6 ③1 ④2 ⑤2 ⑥2 ⑦1 ⑧3 ⑨4 ⑩1 ⑪4 ⑫1 ⑬2 ⑭2 ⑮7 ⑯4 ⑰1 ⑱6 ⑲3 ⑳5 ㉑9 ㉒5 ㉓6 ㉔1

2 ①4 ②1 ③5 ④8 ⑤3 ⑥1 ⑦3 ⑧4 ⑨2 ⑩1 ⑪3 ⑫6 ⑬3 ⑭6 ⑮7 ⑯7 ⑰2 ⑱5 ⑲5 ⑳3 ㉑5 ㉒2 ㉓4 ㉔2 ㉕1 ㉖8

5 0の たしざんと ひきざん① 13~14ページ

1 ①2 ②4 ③7 ④5 ⑤6 ⑥9 ⑦3 ⑧1 ⑨4 ⑩6 ⑪8 ⑫0

2 ①3 ②1 ③4 ④7 ⑤5 ⑥8 ⑦0 ⑧0 ⑨0 ⑩0 ⑪0 ⑫0

3 ①1 ②4 ③3 ④2 ⑤0 ⑥8 ⑦7 ⑧6 ⑨2 ⑩9 ⑪8 ⑫10 ⑬0 ⑭6 ⑮2 ⑯0 ⑰0 ⑱1 ⑲0 ⑳0 ㉑9 ㉒0 ㉓8 ㉔0 ㉕4 ㉖10

アドバイス 0のたし算やひき算は，形式的に覚えてもできますが，3年生で「2×0=0」のような0のかけ算を学習すると，「2+0=0」などとまちがえる場合があります。

まよったら，玉入れや輪投げ，皿にあるいちごを食べている様子など，具体的な場面をイメージして，その都度答えを考え出せるようにしておくことが大切です。

6 0の たしざんと ひきざん② 15~16ページ

1 ①3 ②6 ③1 ④7 ⑤0 ⑥6 ⑦3 ⑧0 ⑨2 ⑩8 ⑪0 ⑫1 ⑬2 ⑭0 ⑮0 ⑯0 ⑰5 ⑱9 ⑲3 ⑳4 ㉑0 ㉒1 ㉓9 ㉔0

2 ①6 ②0 ③7 ④5 ⑤7 ⑥0 ⑦0 ⑧2 ⑨4 ⑩0 ⑪6 ⑫4 ⑬7 ⑭0 ⑮0 ⑯1 ⑰8 ⑱7 ⑲2 ⑳9 ㉑1 ㉒6 ㉓10 ㉔0 ㉕1 ㉖9

7 たしざんと ひきざん① 17~18ページ

1 ①6 ②5 ③8 ④9 ⑤6 ⑥7 ⑦10 ⑧7 ⑨8 ⑩10 ⑪10 ⑫9 ⑬3 ⑭3 ⑮5 ⑯1 ⑰4 ⑱6 ⑲5 ⑳5 ㉑2 ㉒7 ㉓2 ㉔3

2 ①4 ②6 ③8 ④5 ⑤2 ⑥4 ⑦1 ⑧3 ⑨7 ⑩9 ⑪10 ⑫9 ⑬2 ⑭4 ⑮5 ⑯6 ⑰8 ⑱10 ⑲6 ⑳7 ㉑2 ㉒3 ㉓7 ㉔2 ㉕8 ㉖10

8 たしざんと　ひきざん② 19~20ページ

1 ①6 ②4 ③6 ④4 ⑤3 ⑥7 ⑦3 ⑧7 ⑨8 ⑩2 ⑪2 ⑫5 ⑬5 ⑭1 ⑮5 ⑯0 ⑰9 ⑱10 ⑲0 ⑳1 ㉑8 ㉒7 ㉓2 ㉔7

2 ①8 ②0 ③2 ④6 ⑤2 ⑥3 ⑦8 ⑧5 ⑨7 ⑩0 ⑪7 ⑫2 ⑬1 ⑭5 ⑮8 ⑯4 ⑰8 ⑱10 ⑲7 ⑳9 ㉑5 ㉒9 ㉓9 ㉔6 ㉕10 ㉖3

アドバイス　答えが10以内のたし算，ひかれる数が10以内のひき算と，0のたし算・ひき算が混じっています。たすのかひくのかに注意して，ていねいに計算させましょう。

9 たしざんと　ひきざん③ 21~22ページ

1 ①5 ②7 ③3 ④1 ⑤9 ⑥10 ⑦3 ⑧4 ⑨4 ⑩7 ⑪1 ⑫2 ⑬8 ⑭9 ⑮0 ⑯6 ⑰7 ⑱10 ⑲4 ⑳6 ㉑9 ㉒1 ㉓6 ㉔0

2 ①7 ②6 ③10 ④0 ⑤1 ⑥9 ⑦2 ⑧7 ⑨9 ⑩4 ⑪0 ⑫8 ⑬10 ⑭3 ⑮0 ⑯4 ⑰5 ⑱8 ⑲10 ⑳8 ㉑2 ㉒3 ㉓3 ㉔9 ㉕10 ㉖9

10 たしざんと　ひきざん④ 23~24ページ

1 あ5+4=9
い9+0=9
う8+1=9
(1+8=9)
え6+3=9
(3+6=9)

2 ①10−6=4
②8−2=6
③9−0=9

3 ①1 ②2 ③3 ④4 ⑤2 ⑥3 ⑦4 ⑧0 ⑨3 ⑩6 ⑪3 ⑫4 ⑬5 ⑭9 ⑮8 ⑯10 ⑰5 ⑱9

アドバイス　1，2　□に1つ1つ数をあてはめて計算させ，見つけさせましょう。なお，1のうとえは入れかわっていても正解です。
3　だいたいいくつか，見当をつけて見つけさせるとよいです。

11 20までの　かずの　けいさん① 25~26ページ

1 ①11 ②13 ③15 ④17 ⑤12 ⑥20 ⑦18 ⑧14 ⑨16 ⑩19 ⑪13 ⑫18 ⑬11 ⑭15

2 ①10 ②10 ③10 ④10 ⑤10 ⑥10 ⑦10 ⑧10 ⑨10 ⑩10

3 ①12 ②14 ③10 ④10 ⑤16 ⑥11 ⑦10 ⑧10 ⑨15 ⑩19 ⑪10 ⑫10 ⑬13 ⑭16 ⑮10 ⑯10 ⑰18 ⑱17 ⑲10 ⑳10 ㉑20 ㉒14 ㉓10 ㉔10 ㉕17 ㉖19

アドバイス　「10といくつ」という20までの数の構成をもとにして計算させましょう。

12 20までの　かずの　けいさん② 27~28ページ

1 ①18 ②13 ③16 ④15 ⑤17 ⑥17 ⑦18 ⑧18 ⑨12 ⑩16 ⑪19 ⑫19

2 ①12 ②12 ③11 ④12 ⑤16 ⑥13 ⑦15 ⑧14 ⑨11 ⑩14 ⑪13 ⑫13

3 ①14 ②19 ③12 ④17 ⑤19 ⑥16 ⑦11 ⑧15 ⑨16 ⑩19 ⑪12 ⑫14 ⑬17 ⑭17 ⑮15 ⑯13 ⑰18 ⑱18 ⑲13 ⑳14 ㉑19 ㉒19 ㉓16 ㉔16 ㉕17 ㉖19

アドバイス　例えば1の①であれば，次のように考えて計算します。

❶ 15は10と5。
❷ 5と3で8。
❸ 10と8で18。

13 20までの　かずの　けいさん③ 29~30ページ

1 ①14 ②16 ③19 ④15 ⑤19 ⑥19 ⑦18 ⑧17 ⑨11 ⑩19 ⑪19 ⑫17 ⑬11 ⑭10 ⑮15 ⑯13 ⑰15 ⑱11 ⑲14 ⑳16 ㉑10 ㉒12 ㉓14 ㉔10

2 ①11 ②18 ③12 ④18 ⑤12 ⑥17 ⑦16 ⑧10 ⑨15 ⑩18 ⑪17 ⑫12 ⑬10 ⑭18 ⑮16 ⑯13 ⑰13 ⑱18 ⑲19 ⑳16 ㉑19 ㉒10 ㉓14 ㉔19 ㉕17 ㉖20

アドバイス　20までの数の計算の総合練習です。いろいろなタイプの計算が混じっているので，ゆっくりていねいに計算させましょう。なお，これらは形式的には計算ですが，「10といくつで10いくつ」という，20までの数の構成の理解を深めることが大きなねらいです。

2 ㉖は，「10が2つで20」または，「10と10で20」と考え，数の構成をもとにして計算します。「12」などとまちがえていないか，よくチェックしてください。

14 20までの　かずの　けいさん④ 31~32ページ

1 ①3 ②5 ③1 ④9 ⑤7

2 ①10 ②4 ③4 ④16

3 ①2 ②6 ③7 ④8 ⑤4 ⑥9

4 ①5 ②10 ③4 ④13 ⑤3 ⑥17 ⑦3 ⑧16 ⑨3 ⑩18 ⑪4 ⑫19

アドバイス　1，3「13−3=10」のような計算は学習しています。同じように考えて，例えば1の②であれば次のように計算します。

❶15は10と5。
❷10を取ると，残りは5。

2 1つ1つあてはめて計算させ，見つけさせましょう。

4 わかっている数と答えを見比べさせ，いくつ大きいか，いくつ小さいかと考えさせるとよいです。

15 3つの　かずの　けいさん① 33~34ページ

1 ①7　②9
③10　④16
⑤12　⑥15
⑦2　⑧2
⑨3　⑩1
⑪2　⑫3
⑬8　⑭6
⑮7　⑯9
⑰2　⑱4
⑲5　⑳7

2 ①9　②1
③8　④2
⑤2　⑥8
⑦1　⑧7
⑨6　⑩2
⑪8　⑫17
⑬5　⑭8
⑮10　⑯6
⑰20　⑱10
⑲3　⑳11
㉑3　㉒1

アドバイス　1年生の3つの数の計算は，前から順に計算していくことが原則です。はじめの2つの数の計算の答えを式の近くに書かせ，残りの数との計算をさせると，まちがいを少なくすることができます。

ここでは，**1**の④の「5+5+6→10+6」のような，11回で学習した「10+いくつ」の計算が含まれます。注意して計算させましょう。

16 3つの　かずの　けいさん② 35~36ページ

1 ①14　②16
③18　④19
⑤2　⑥6
⑦14　⑧10
⑨14　⑩16
⑪16　⑫19
⑬13　⑭14
⑮11　⑯12
⑰17　⑱10

2 ①17　②5
③12　④11
⑤16　⑥8
⑦17　⑧14
⑨4　⑩17
⑪10　⑫19
⑬16　⑭17
⑮11　⑯17
⑰12　⑱18
⑲18　⑳10

アドバイス　どの計算も，20までの数の計算が含まれます。1つ1つていねいに計算させましょう。

17 3つの　かずの　けいさん③ 37~38ページ

1 ①3　②4
③4　④5
⑤3　⑥2

2 ①+　②−
③−　④+
⑤+　⑥−
⑦+　⑧−

3 ①2　②2
③7　④3
⑤6　⑥4
⑦4　⑧5

4 ①−　②+
③+　④+
⑤−　⑥+
⑦−　⑧−

アドバイス　どれも，はじめの2つの数の計算の答えを近くに書かせて考えさせましょう。

18 さんすうパズル 39~40ページ

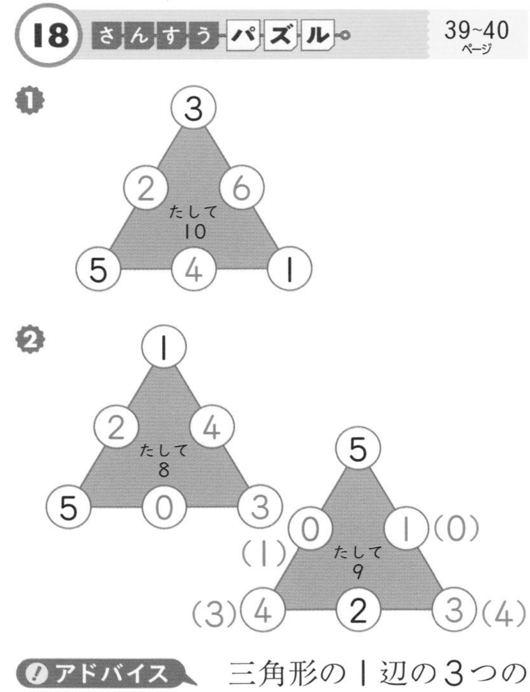

アドバイス　三角形の1辺の3つの数の和が，どれも同じになるように数を置くパズルです。**2**のたして9になる三角では，左右の辺の数が逆でも正解です。

19 くり上がりの　ある　たしざん① 41~42ページ

1 ①12 ②13 ③11 ④11 ⑤12 ⑥15 ⑦12 ⑧14 ⑨17 ⑩13 ⑪16 ⑫12 ⑬12 ⑭18 ⑮15 ⑯14 ⑰11 ⑱14 ⑲11 ⑳12 ㉑12 ㉒16 ㉓14 ㉔11

2 ①13 ②14 ③13 ④17 ⑤11 ⑥11 ⑦11 ⑧13 ⑨16 ⑩12 ⑪13 ⑫15 ⑬13 ⑭11 ⑮12 ⑯15 ⑰16 ⑱12 ⑲15 ⑳12 ㉑15 ㉒17 ㉓11 ㉔14 ㉕18 ㉖14

アドバイス　くり上がりのあるたし算は，次のように10を作り，「10といくつ」で計算します。

1　①9+3の場合

9+3（3を1と2に分ける）

❶9はあと1で10だから，3を1と2に分ける。

❷9と1で10。

❸10と2で12。

また，たす数のほうが10に近い場合は，たす数で10を作って計算してもよいです。

1　⑰2+9の場合

2+9（2を1と1に分ける）

❶9はあと1で10だから，2を1と1に分ける。

❷9と1で10。

❸10と1で11。

式に合わせ，考えやすいほうで計算させましょう。

20 くり上がりの　ある　たしざん② 43~44ページ

1 ①14 ②11 ③12 ④12 ⑤15 ⑥13 ⑦12 ⑧16 ⑨11 ⑩11 ⑪12 ⑫14 ⑬14 ⑭17 ⑮13 ⑯11 ⑰17 ⑱14 ⑲11 ⑳16 ㉑12 ㉒14 ㉓15 ㉔13

2 ①13 ②12 ③11 ④15 ⑤14 ⑥11 ⑦12 ⑧11 ⑨13 ⑩17 ⑪14 ⑫11 ⑬13 ⑭12 ⑮15 ⑯13 ⑰18 ⑱15 ⑲13 ⑳14 ㉑16 ㉒15 ㉓12 ㉔17 ㉕14 ㉖14

アドバイス　くり上がりのあるたし算は，全部で36通りあります。苦手な計算を減らしていきながら，すべてのたし算を確実にできるようにしておくことが大切です。

21 くり上がりの　ある　たしざん③ 45~46ページ

1 ①16 ②11 ③12 ④11 ⑤13 ⑥14 ⑦16 ⑧11 ⑨11 ⑩12 ⑪14 ⑫16 ⑬13 ⑭15 ⑮12 ⑯14 ⑰18 ⑱14 ⑲11 ⑳12 ㉑12 ㉒13 ㉓17 ㉔14

2 ①12 ②14 ③15 ④11 ⑤13 ⑥11 ⑦12 ⑧16 ⑨15 ⑩12 ⑪11 ⑫12 ⑬16 ⑭11 ⑮18 ⑯14 ⑰15 ⑱13 ⑲13 ⑳14 ㉑17 ㉒12 ㉓11 ㉔15 ㉕14 ㉖13

22 くり下がりの　ある　ひきざん① 47~48ページ

1 ①3　②4　③5　④6　⑤2　⑥4　⑦5　⑧6　⑨7　⑩6　⑪8　⑫8　⑬9　⑭7　⑮5　⑯9　⑰8　⑱7　⑲7　⑳9　㉑9　㉒8　㉓9　㉔8

2 ①4　②6　③6　④5　⑤9　⑥3　⑦5　⑧7　⑨9　⑩7　⑪5　⑫9　⑬7　⑭4　⑮8　⑯7　⑰8　⑱8　⑲9　⑳8　㉑7　㉒6　㉓2　㉔9　㉕8　㉖6

アドバイス　くり下がりのあるひき算は，次のように，10いくつの10からひいて計算します。

1　①12−9の場合

12−9
10　2

❶12を10と2に分ける。
❷10から9をひいて1。
❸1と2で3。

　また，ひかれる数の一の位の数とひく数のちがいが小さい場合は，次のように計算してもよいです。

1　⑫11−3の場合

11−3
　1　2

❶3を1と2に分ける。
❷11から1をひいて10。
❸10から2をひいて8。

　式に合わせ，考えやすいほうで計算させましょう。

23 くり下がりの　ある　ひきざん② 49~50ページ

1 ①3　②5　③6　④5　⑤8　⑥8　⑦6　⑧9　⑨7　⑩9　⑪5　⑫8　⑬3　⑭6　⑮4　⑯2　⑰7　⑱9　⑲7　⑳9　㉑7　㉒8　㉓9　㉔6

2 ①4　②9　③8　④4　⑤7　⑥9　⑦3　⑧8　⑨7　⑩5　⑪8　⑫6　⑬6　⑭7　⑮9　⑯4　⑰9　⑱7　⑲5　⑳8　㉑9　㉒6　㉓9　㉔5　㉕7　㉖8

24 くり下がりの　ある　ひきざん③ 51~52ページ

1 ①6　②9　③3　④6　⑤9　⑥6　⑦5　⑧9　⑨8　⑩7　⑪5　⑫8　⑬6　⑭8　⑮8　⑯4　⑰6　⑱9　⑲2　⑳5　㉑7　㉒7　㉓9　㉔8

2 ①9　②3　③9　④4　⑤7　⑥5　⑦4　⑧8　⑨7　⑩9　⑪6　⑫4　⑬7　⑭9　⑮5　⑯8　⑰6　⑱6　⑲8　⑳2　㉑8　㉒5　㉓7　㉔8　㉕9　㉖7

アドバイス　くり下がりのあるひき算も，全部で36通りあります。苦手な計算を減らしていきながら，すべてのひき算を確実にできるようにしておくことが大切です。

25 たしざんと　ひきざん⑤ 53~54ページ

1 ①11 ②12 ③14 ④13 ⑤11 ⑥17 ⑦14 ⑧12 ⑨16 ⑩12 ⑪15 ⑫13 ⑬5 ⑭9 ⑮6 ⑯3 ⑰6 ⑱9 ⑲3 ⑳8 ㉑7 ㉒5 ㉓9 ㉔8

2 ①11 ②12 ③16 ④14 ⑤8 ⑥4 ⑦7 ⑧8 ⑨14 ⑩13 ⑪11 ⑫14 ⑬2 ⑭9 ⑮6 ⑯7 ⑰15 ⑱17 ⑲12 ⑳13 ㉑9 ㉒4 ㉓5 ㉔8 ㉕15 ㉖6

アドバイス　ここから28回までは，くり上がりのあるたし算とくり下がりのあるひき算の練習です。2では，たし算とひき算が混じっています。＋，－の記号に注意して計算させましょう。

26 たしざんと　ひきざん⑥ 55~56ページ

1 ①11 ②11 ③3 ④7 ⑤16 ⑥12 ⑦9 ⑧5 ⑨13 ⑩18 ⑪3 ⑫8 ⑬12 ⑭14 ⑮9 ⑯7 ⑰14 ⑱16 ⑲5 ⑳8 ㉑15 ㉒15 ㉓6 ㉔8

2 ①5 ②13 ③14 ④9 ⑤6 ⑥14 ⑦4 ⑧11 ⑨11 ⑩4 ⑪12 ⑫16 ⑬9 ⑭12 ⑮8 ⑯7 ⑰17 ⑱8 ⑲7 ⑳13 ㉑6 ㉒12 ㉓14 ㉔7 ㉕8 ㉖15

27 たしざんと　ひきざん⑦ 57~58ページ

1 ①4 ②9 ③12 ④15 ⑤7 ⑥6 ⑦11 ⑧17 ⑨9 ⑩5 ⑪11 ⑫13 ⑬3 ⑭9 ⑮12 ⑯13 ⑰7 ⑱5 ⑲16 ⑳11 ㉑7 ㉒8 ㉓14 ㉔15

2 ①12 ②9 ③13 ④2 ⑤5 ⑥13 ⑦7 ⑧16 ⑨6 ⑩12 ⑪17 ⑫9 ⑬14 ⑭8 ⑮7 ⑯11 ⑰3 ⑱14 ⑲18 ⑳9 ㉑6 ㉒12 ㉓15 ㉔8 ㉕13 ㉖8

28 たしざんと　ひきざん⑧ 59~60ページ

1 ①14 ②11 ③4 ④7 ⑤11 ⑥15 ⑦4 ⑧9 ⑨12 ⑩15 ⑪8 ⑫5 ⑬11 ⑭14 ⑮6 ⑯8 ⑰12 ⑱13 ⑲8 ⑳5 ㉑11 ㉒16 ㉓9 ㉔6

2 ①4 ②12 ③14 ④2 ⑤16 ⑥9 ⑦7 ⑧11 ⑨6 ⑩13 ⑪11 ⑫5 ⑬16 ⑭9 ⑮8 ⑯13 ⑰15 ⑱8 ⑲6 ⑳13 ㉑14 ㉒7 ㉓7 ㉔17 ㉕8 ㉖13

アドバイス　くり上がりのあるたし算とくり下がりのあるひき算は，1年生の最重要計算です。他の毎日のドリルなども使い，継続して練習させ，習熟・定着をめざさせましょう。

29 たしざんと　ひきざん⑨　61~62ページ

1 ①㋐9 ㋑8 ㋒7 ㋓6 ㋔5　②㋐5 ㋑6 ㋒7 ㋓8 ㋔9

2 ①4　②5　③6　④11

3 ①3　②4　③8　④5　⑤6　⑥7　⑦6　⑧7　⑨9　⑩8　⑪4　⑫5　⑬12　⑭11　⑮17　⑯14

アドバイス　どれも，□の数はだいたいいくつかと見当をつけて見つけさせましょう。

1　□にあてはまる数を見つけたら，同じ答えになる計算には，次のような関係があることに目を向けさせてみましょう。

〈たし算〉　5 ＋ 9 ＝ 14
（5は1増える，9は1減る）
6 ＋ 8 ＝ 14

〈ひき算〉　11 － 5 ＝ 6
（11は1増える，5は1増える）
12 － 6 ＝ 6

30 3つの　かずの　けいさん④　63~64ページ

1 ①12　②13　③5　④2　⑤12　⑥16　⑦9　⑧8　⑨11　⑩4

2 ①11　②17　③11　④16　⑤5　⑥4　⑦8　⑧9

3 ①14　②3　③4　④10　⑤1　⑥14　⑦13　⑧10　⑨11　⑩5　⑪11　⑫14　⑬10　⑭16　⑮10　⑯2　⑰17　⑱8　⑲18　⑳6

アドバイス　くり上がりのあるたし算とくり下がりのあるひき算を含む，3つの数の計算です。これまでと同じように，前から順に計算し，はじめの2つの数の計算の答えを式の近くに書かせ，残りの数と計算をさせましょう。

1は，くり上がりかくり下がりのどちらかが1回あり，⑨，⑩は20までの数の計算も含みます。**2**は，くり上がりとくり下がりがどちらも含まれる計算です。とはいえ，どれもこれまでの知識をもとにして計算できるものです。速さよりも正確さに重点を置き，1つ1つの計算をていねいに行わせていきましょう。

31 3つの　かずの　けいさん⑤　65~66ページ

1 ①5　②4　③3　④2　⑤1　⑥5

2 ①＋　②－　③－　④＋　⑤＋　⑥－　⑦＋　⑧－

3 ①7　②4　③3　④4　⑤9　⑥8　⑦5　⑧7

4 ①－　②＋　③＋　④－　⑤＋　⑥－　⑦－　⑧＋

アドバイス　これまでの3つの数の計算と同様に，はじめの2つの数の計算の答えを式の近くに書かせ，□にあてはまる数や，＋，－の記号を考えさせましょう。

1，**3**　□に数を順にあてはめ，計算して見つけてもよいですが，ある程度見当をつけて見つけられるとよいです。

32 なん十の　けいさん　67~68ページ

1 ①50　②60　③80　④60　⑤60　⑥70　⑦90　⑧70　⑨80　⑩70　⑪90　⑫100

2 ①50　②40　③10　④20　⑤20　⑥20　⑦30　⑧30　⑨50　⑩60　⑪30　⑫60

3 ①40　②70　③30　④40　⑤70　⑥60　⑦50　⑧30　⑨80　⑩90　⑪20　⑫70　⑬60　⑭90　⑮10　⑯40　⑰100　⑱90　⑲20　⑳20　㉑100　㉒80　㉓40　㉔70　㉕90　㉖100

アドバイス　10のまとまりがいくつかを考えて計算します。**1**の⑫は，10が10個で100，**2**の⑫は，100は10が10個と考えられることがポイントになります。

33 なん十と　いくつの　けいさん①　69~70ページ

1 ①45　②23　③57　④39　⑤81　⑥64　⑦76　⑧98　⑨32　⑩46　⑪89　⑫97

2 ①30　②20　③40　④80　⑤50　⑥60　⑦90　⑧30　⑨40　⑩80　⑪70　⑫90

3 ①36　②52　③20　④30　⑤65　⑥44　⑦50　⑧70　⑨73　⑩86　⑪60　⑫90　⑬22　⑭99　⑮80　⑯40　⑰68　⑱84　⑲20　⑳60　㉑51　㉒44　㉓70　㉔50　㉕68　㉖79

アドバイス　「何十といくつ」という100までの数の構成をもとにした計算です。

1のような計算は，「何十と何で何十何」と考えて求めます。

2のような「何十いくつーいくつ＝何十」の計算は，数の構成をもとに，ばら（端数）を全部取れば何十が残ると考えて求めます。

どれも形式的には計算ですが，100までの数の構成の理解を深めることが大きなねらいです。

34 なん十と　いくつの　けいさん②　71~72ページ

1 ①28　②36　③45　④65　⑤57　⑥87　⑦79　⑧99　⑨38　⑩47　⑪79　⑫68

2 ①23　②32　③56　④74　⑤64　⑥92　⑦42　⑧85　⑨51　⑩24　⑪81　⑫63

3 ①45　②38　③53　④31　⑤69　⑥27　⑦63　⑧27　⑨58　⑩89　⑪41　⑫85　⑬66　⑭76　⑮37　⑯61　⑰89　⑱97　⑲44　⑳53　㉑58　㉒29　㉓72　㉔96　㉕89　㉖97

アドバイス　ばら（端数）を計算し，「何十と何で何十何」と，数の構成をもとにして求めます。

十の位の数にたしたり，十の位の数からひいたりしないように注意させましょう。特に**1**の⑨～⑫のような，1けたの数に何十何をたす計算はまちがえやすいです。

35 大きな　かずの　けいさん① 73~74ページ

1 ①50 ②42 ③26 ④70 ⑤87 ⑥57 ⑦66 ⑧90 ⑨55 ⑩78 ⑪94 ⑫100

2 ①20 ②10 ③42 ④68 ⑤50 ⑥55 ⑦80 ⑧34 ⑨40 ⑩40 ⑪76 ⑫60

3 ①38 ②20 ③30 ④80 ⑤65 ⑥41 ⑦56 ⑧20 ⑨78 ⑩92 ⑪33 ⑫29 ⑬70 ⑭60 ⑮48 ⑯32 ⑰90 ⑱90 ⑲88 ⑳54 ㉑30 ㉒87 ㉓43 ㉔100 ㉕69 ㉖70

アドバイス　大きな数の計算の総合練習です。どれも同じ位どうしを計算することに気をつけさせましょう。

例えば**1**の②を「40+2=402」，**2**の①を「27−7=2」のようにまちがえることがあります。これらは，2けたの数の構成の理解が不十分なことが原因です。復習させましょう。

36 3つの　かずの　けいさん⑥ 75~76ページ

1 ①80 ②100 ③40 ④90 ⑤35 ⑥56 ⑦21 ⑧55 ⑨65 ⑩93

2 ①40 ②20 ③80 ④40 ⑤30 ⑥30 ⑦24 ⑧19

3 ①90 ②72 ③40 ④31 ⑤70 ⑥20 ⑦96 ⑧45 ⑨43 ⑩100 ⑪57 ⑫20 ⑬60 ⑭64 ⑮72 ⑯80 ⑰30 ⑱49 ⑲20 ⑳60

アドバイス　大きな数の計算を含む3つの数の計算です。これまでの3つの数の計算と同様に，前から順に計算させましょう。はじめの2つの数の計算の答えを式の近くに書かせ，残りの数との計算をさせてください。

いろいろな計算が混じっているので，まちがいが多くなります。はじめの2つの数の計算の答えと式の答えをチェックし，どの段階でまちがえたのかを確かめ，必ずやり直して正しい答えを求めさせましょう。

37 大きな　かずの　けいさん② 77~78ページ

1 ①34 ②51 ③66 ④77 ⑤85

2 ①6 ②15 ③3 ④8 ⑤41 ⑥37

3 ①45 ②77 ③83 ④81 ⑤78 ⑥69 ⑦94 ⑧62 ⑨96 ⑩94

4 ①8 ②1 ③5 ④3 ⑤2 ⑥7 ⑦6 ⑧29 ⑨54 ⑩17 ⑪45 ⑫22

アドバイス　**1**，**3**は「何十何+何十」，**2**，**4**は「何十何−何十」の計算です。何十のたし算やひき算をしてから，ばら（端数）と合わせます。それぞれ，示してある計算の仕方をよく理解させてから取り組ませましょう。

一見難しそうですが，100までの数の構成とこれまでの大きな数の計算の知識があれば，容易に考えられるでしょう。

38 大きな　かずの　けいさん③ 79~80ページ

1 ①30　②40　③60　④70　⑤50

2 ①35　②41　③29　④18　⑤74

3 ①40　②70　③60　④80　⑤50　⑥30　⑦60　⑧70　⑨80　⑩40

4 ①12　②59　③68　④27　⑤44　⑥86　⑦31　⑧45　⑨53　⑩78　⑪82　⑫64

アドバイス　**1**，**3**は，ばら（端数）をたして10になり，くり上げて何十になる計算，**2**，**4**は，何十からひいてくり下がり，何十何になる計算です。

難しいようであれば，10円玉や1円玉を与えて考えさせましょう。

39 さんすうパズル 81~82ページ

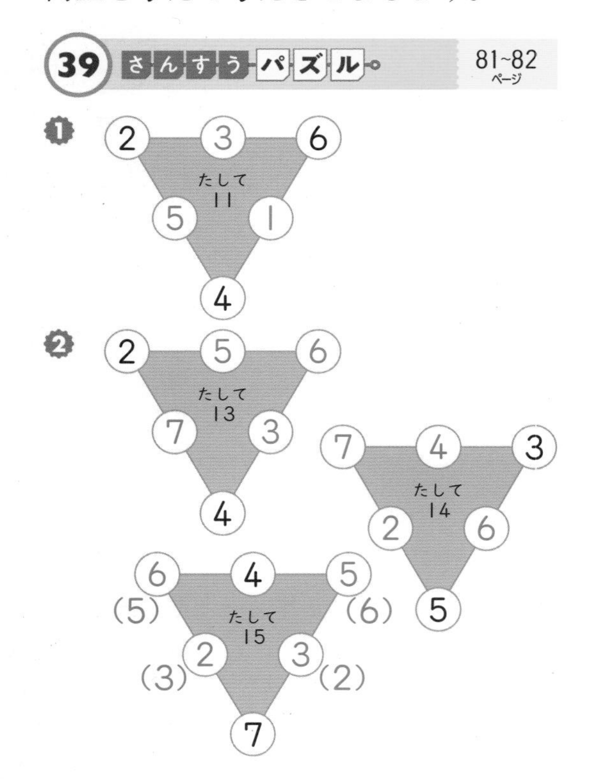

アドバイス　18回のパズルと同じように考えて取り組ませてください。〇の数は，使っていない数を順にあてはめて見つけさせましょう。

また，1から6の数を使い，右のようにたして12になる三角も作れます。チャレンジさせてみましょう。

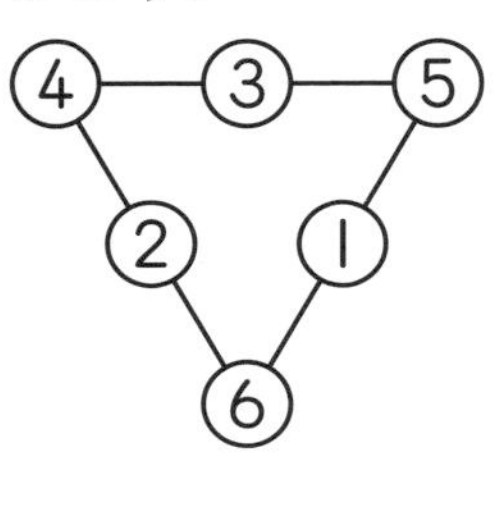

なお，❷のたして15になる三角では，左右の辺の数が逆でも正解です。

40 まとめテスト 83~84ページ

1 ①7　②10　③1　④6　⑤4　⑥0　⑦19　⑧14

2 ①15　②8　③9　④6

3 ①14　②16　③13　④7　⑤5　⑥6

4 ①80　②70　③47　④83　⑤90　⑥66

5 ①8　②0　③16　④0　⑤14　⑥15　⑦8　⑧2　⑨6　⑩13　⑪9　⑫17　⑬7　⑭3　⑮8　⑯14　⑰16　⑱8　⑲7　⑳100　㉑32　㉒70　㉓29　㉔60　㉕40　㉖73

アドバイス　**5**　⑱，⑲，㉕，㉖の3つの数の計算は，チャレンジで扱ったものです。まちがえたら，その回を復習させましょう。

⑱，⑲→30回

㉕，㉖→36回